煎煮炸烤蒸！

新手的魚料理筆記

高窪美穗子

瑞昇文化

● 序 ●

對我而言，一提到魚類料理就會令我陷入深深的回憶之中。由於父親出生於瀨戶內海旁，從小就養成喜歡吃魚的習慣，因此，在我的成長時期，母親在餐桌上自然每隔一天就會端出魚類料理來。我至今仍常常回想起，每次前往父親故鄉的島上探視祖母時，她一定都會到魚店去選購魚槽內現撈的魚類，做成新鮮的生魚片，讓我們大快朵頤一番。我也因而成為魚類料理的喜好者。

魚貝介類乃是支撐日本飲食文化的基本食材之一。不過，在數年前，因在某地有個與魚類相關的「魚類培育」工作上，有機會和漁夫親切交談，當聽到他說目前民眾「排斥吃魚」的情形比比預期還更嚴重，不禁令我嚇了一跳。

另一方面，在我主持的料理教室，全部的學生對這一問題幾乎都回答說：「很喜歡吃魚，所以想吃更多，也想要做魚類料理」；不過，在家裡因為「缺乏烹飪技巧，或不懂調理方法」等原因，以致敬而遠之，不容易做魚類料理。這與其說是「排斥吃魚」，不如說是因家庭「遠離魚類料理」所造成。

本書對於有這種困擾的讀者，介紹許多輕鬆愉快、簡單且多樣化的豐盛魚類料理方法，讓您利用一般的魚類就可輕鬆地做出各種料理，進而若能享受做魚類料理的樂趣，本人將感到無比榮幸。

高窪 美穗子

母親的梅干

我的母親也是料理師傅，每年都會醃漬 15 kg～ 20 kg的梅干。純淨完全無添加的梅干雖然很單調，但卻可發揮出梅子純淨的風味，味美甘甜，令人齒頰留香！這種自古流傳下來的美味，希望能加以重視並傳承下來。

CONTENTS

1 只要 3 步驟就可輕鬆完成！ 簡單卻不失精緻的魚類料理

2 善加利用食用前的準備與醬汁調理技巧，就能毫無壓力輕鬆地製作出一道道美味的料理

閱讀本書之前

● 有關分量的表示

　・1 小匙為 5 ㎖，1 大匙為 15 ㎖。

　・材料的分量係標準用量，請配合用途及狀況斟酌調整。

● 使用之原材料皆為遵照傳統的作法所製成的。

　推薦使用高品質的調味料，除了有益身體健康外，也可提升料理的美味。

　・醬油→濃口（深色醬油、老抽）丸大豆（整顆黃豆）醬油。

　・鹽→自然海鹽、岩鹽等

　・砂糖→黍砂糖

　・醋→純米醋

　・味醂→以傳統作法釀造、長期熟成的製品

　・酒→天然釀造的清酒

　・油→使用太白芝麻油、太香芝麻油、橄欖油等非精製的高品質油品。

　・水溶性太白粉→將太白粉與水以 1：1 比例溶解而成。

　・高湯→基本上使用昆布加柴魚片煮成的高湯。

● 其他注意事項

　・調理時間及加熱時間以烤箱的溫度為準。

　　依各個使用的調理器具及狀況而有所不同，請依使用情形加以確認。

製作魚類料理之前

「擔心這個」、「感到困擾」Q&A

據說最近「排斥吃魚」的情形日益嚴重，日本全體國民的魚類攝取量逐年下滑。

不過，實際上「喜歡吃魚類料理」的人仍居相當多數，並非不喜歡或討厭吃魚。

在家中對於魚類料理敬而遠之的主要理由是……

1	**2**	**3**
調理 過程麻煩	缺乏烹飪技巧， 一成不變	善後 收拾麻煩
一想到要殺魚去骨等食用前的準備工作就打退堂鼓。	總是吃相同的魚，加上變不出新花樣的調理法而膩了。	魚肉切下後的善後垃圾處理、用烤架烤魚產生的油煙及味道等收拾起來很麻煩。

大概就這3個問題吧？

「對！對！」很多人都這樣認為。

為解除這種根深蒂固的想法，

本書首先就各位所感到麻煩的問題逐一解答。

本書中所精選的每道食譜都是很快就可輕鬆上手、

讓您樂在其中的魚類料理方法。

接下來我們就開始一起來調理魚吧！

Q 魚類料理味道鮮美且有益健康，讓人吃得津津有味，
但在家裡料理很麻煩，常常令人敬而遠之！

首先調理簡單且立即可開始調理的「魚肉片」，
並和魚店人員建立良好關係吧！

在我主持的料理教室，大部分的學生都說：「喜歡吃魚，但在家裡料理實在很麻煩……」。因此，我首先推薦「魚肉切片」的料理。因為不需切下魚肉且立即可開始調理。

另外也建議和處理魚類的專業人員如魚店人員，或超市負責處理鮮魚的店員慢慢建立良好關係，對於不懂的問題可向他們請教。最近幾乎所有的店家都會應顧客的要求，以專業的手法迅速且俐落地去頭、內臟，代替顧客做好料理前準備階段的處理工作。此外，當季的魚類資訊及食用方法等，只有在現場才能取得有用的資訊。

本書介紹了許多種有關如何利用「魚肉片」的料理方式，請輕鬆地試著做看看。 ⇒ P.36 ～ 47

Q 用烤架烤魚會產生
令人在意的油煙味等，
且善後收拾很麻煩！

在家用烤箱烤魚

用烤架烤魚雖然方便，但因會產生出油煙，空氣流通不易，且會殘留氣味，因而讓很多人敬而遠之。我都是用烤箱調理烤魚。

忙碌時或瓦斯台爐子都在使用時，烤箱可用來做為另一個料理流程的用具是其優點。只要輕鬆地設定好溫度及時間，失敗的機率就可大為減少。特別是用烘焙紙將魚肉片包起來後，再用烤箱烤的話，就會呈現蒸烤的狀態，調理出柔嫩的魚肉切片。若喜歡表面有點烤焦，就打開烘焙紙，依照個人的喜好程度燒烤。

若無烤箱時，用煎鍋煎烤魚肉片，也很容易做成烤魚。在家裡利用簡單的用具就可做出美味的烤魚類料理。⇒ P.43

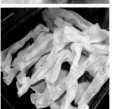

用烘焙紙將魚肉片包起來，將
兩端輕輕地扭緊形成「糖果包
裝」，烤魚的時間依照喜好調
整。

Q

一提到魚類料理，就只能想到
生魚片、煎烤魚、蒸魚，總是一成不變

加強魚類料理多樣化的印象
與料理肉類同樣的感覺來思考

　　缺乏烹飪技巧、永遠只有一種調理方式，會造成這樣的原因之一是，提到在家裡做魚類料理，總是會給人一種像日式料理的印象。因此，首先就要從解開這種根深蒂固的想法。

　　將魚類料理改換成肉類料理來思考看看也是方法之一。此外，可搭配番茄與香草、香草或起司與培根、香草、酒、橄欖油、豆瓣醬、辣椒醬等食材，以及用調味料、烤、煮、炸等，拓展調理法的寬度，一定會有新的發現。

　　此外，生魚片也可搭配沙拉用醬料、食物用醬料或添加蔬菜，製作成涼拌沙拉的話，平常的生魚片也可立即搖身一變為一盤漂亮的料理。

　　本書廣納日式、西式、中式及民族風味等各種料理，介紹變化多端的豐盛魚類料理，各位不妨參考看看。

Q 剛買回來的魚，
有無保存的小撇步呢？

保存美味的關鍵就是紙巾與包裝用紙

　　剛買回來的魚最好是盡早食用完畢，但總是很難辦到。大多數的人就原封不動地放入冰箱的冷藏或冷凍後就覺得安心了。不過，就只是這樣保存的話，會產生腥味以及造成品質低劣，味道很快就變質了。

　　因此，掌握以下的祕訣，就可保存美味不流失。由於也會影響料理的味道，請務必實際做看看。

1. 徹底去除水分

整條魚　　去除內臟並徹底清洗後，腹部內側也應徹底拭去水分。

魚肉片　　將表面的水分確實拭去。

烏　賊　　將烏賊的內臟及軟骨取出，徹底清洗後擦乾水分。

2. 運用紙巾與包裝紙

用紙巾包住，可以將造成腥味與品質劣化的水分吸收乾淨，再用包裝紙包起來阻絕空氣，可防止氧化。

我喜歡用「Fresh Master 的魚、肉類保鮮膜（Unicharm（股）製」，可代替紙巾。這種保鮮膜可抑制因水分所導致的鮮度低劣，因可保持鮮度，而被視為珍寶。
※ 此為工作用品，可在網路購得。

Q 在家裡做魚類料理都會很在意魚腥味。
要如何才能消除腥味呢？

選購新鮮的魚類，並善用「鹽巴」保鮮

　　這個大前提首先就是要使用新鮮的魚類。然後善用「鹽巴」保鮮。鹽巴除具有調味的功用外，將水分抽離的同時，也可除去魚類的腥臭味，並可使肉體緊實，逼出魚肉鮮味等各種功用，亦可提高保存時間。

　　鹽巴的用量及方法依魚的種類及料理方法而有所不同，此處介紹有關烤魚所不可或缺的「撒鹽巴」。

※ 鹽巴建議使用海水的礦物質含量較多的自然
　鹽。

鹽巴從高處灑下就可均勻撒遍各處。

白肉魚及肉體容易變緊實的魚類

鯛魚、香魚及河魚等若撒上
鹽巴的話要立即調理。

青背魚及魚體柔嫩的魚類

鯖魚、竹莢魚、秋刀魚及青甘鰺等撒上鹽巴約

20～30分鐘後，會與產生出來的水分一起除

去腥味。

產生出來的水分會帶有腥臭味，可用紙巾吸拭乾淨。

還有其他的！
消除魚類腥臭味的方法與材料

汆燙

用熱開水汆燙除去魚類腥臭味之方法。
主要是做為食用前準備階段之處理。

使用藥物類

利用蔥、薑、蒜、青紫蘇及蘘荷等稱為「香味蔬菜」的蔬菜除去腥味。其他亦有使用香草及香料等增添香味，可促進食慾。

醬油、味噌、醋及酒等的調味料

醬　油 具有除臭效果。

味　噌 據說具有可吸附魚類腥味的作用。

鯖魚的味噌湯就是最好的例子。

醋 除可除去腥味外，亦具有殺菌作用。

酒 具有除去腥味之作用。

只要3步驟就可輕鬆完成！

簡單卻不失精緻的

魚類料理

爽口的柑橘類與蝦、鯛的鮮味十分搭配。
僅使用橄欖油、鹽巴及胡椒調味。發揮食材所具有的味道。

蝦 × 鯛 × 柑橘類的
爽口涼拌魚沙拉

材料 (2 人份)
蝦 (去頭、帶殼)…8 尾
鯛魚 (生魚片用)…100g
八朔橘 (自己所喜歡的柑橘類)＊…½ 個

A
┌ 橄欖油…3 大匙
│ 鹽…多於 ½ 小匙
└ 胡椒…少許

香芹…適量

製作方法
1 進行蝦子的前置處理 (→ P.53)，汆燙後備用。鯛魚成切薄片。柑橘類剝去薄皮，將子取出。
2 在碗中將 A 混合後，將步驟 1 放入，全部輕輕攪拌。
3 將步驟 2 盛入冷卻的盤中，撒入香芹的葉子。

MEMO

➤ 柑橘類中就自己喜歡吃的種類即 OK。使用葡萄、夏桔、夏橘及八朔橘等可充分感受到甜味與酸味的水果類，且可達到酸甜平衡為佳。
➤ 因柑橘類有酸味，不需再加入任何醋。
➤ 另鯛魚可用海扇貝柱取代，味道亦鮮美可口。

新鮮的草莓所具有之甜酸度，與甜蝦及鯛魚的鮮味堪稱絕配。
紅艷的草莓與櫻花色的生魚片色彩互相輝映，相當可愛！

甜蝦 × 鯛 × 草莓的沙拉調味汁

材料 (2 人份)
甜蝦 (生魚片用)…12 尾 (約 40g)
鯛魚 (生魚片用)…80g
帆立貝干貝 (生魚片用)…2 個 (30g)
草莓…8 顆

A
┌ 橄欖油…3 大匙
│ 檸檬汁…1 大匙
│ 鹽…多於 ½ 小匙
└ 胡椒…少許

香芹…適量

1 將甜蝦剝殼去尾。鯛魚切成薄片。帆立貝切成一口大小。草莓將蒂摘掉，洗淨後縱切成 4 塊。將所準備的材料放入碗中混合備用。
2 將 A 放入另一個碗中後充分混合。
3 將步驟 2 加入步驟 1 的碗中 (a)，輕輕攪拌 (b)。盛入冷卻的盤中，撒入香芹的葉子。

MEMO

➤ 加入帆立貝干貝的話，更增添鮮美甜度，但若只有甜蝦與鯛，其美味也會令人讚不絕口！

POINT 鮪魚的生魚片淋上巴薩米克 (Balsamico) 風味的醬料後搖身一變成為高級的料理。
這道料理因在瞬間就可做成，很適合用來輕鬆招待客人。

鮪魚的 Carpaccio※
巴薩米克 (Balsamico) 風味

材料 (2 人份)
鮪魚 (紅肉)…100g
洋蔥 (切絲)…⅛ ～ ¼ 顆
蒜頭…5g
巴薩米克醬料 (Balsamic dressing)

　┌ 橄欖油…3 大匙
　│ 巴薩米克醋…1 大匙
　│ 醬油…1 大匙
　│ 蒜頭 (搗碎)…5g
　│ 鹽…¼ 小匙
　└ 胡椒…適量

義大利芹菜 (Italian Parsley)…少許

製作方法
1 將蒜頭的斷面塗擦整個盤子。鮪魚切成薄片，盛於盤中放入冰箱中冷卻備用。
2 於碗中將巴薩米克醬料 (Balsamic dressing) 的材料充分混合在一起。
3 於步驟 1 的盤子上放上洋蔥的切絲，輕灑些鹽巴 (分量外) 後淋上步驟 2 的調味汁。最後點綴少許義大利芹菜。

(※ 義大利料理中生肉或生魚的吃法，開胃菜)

POINT 扮演生魚片與水果的居中媒介角色,出乎意料的竟是芥末美乃滋醬。
色彩鮮豔亮麗,吃起來令人賞心悅目。

鰹魚半敲燒與奇異果
酪梨拌沙拉

材料(2 人份)
鰹魚半敲燒…約 200g
奇異果…2 顆
酪梨…½ 顆
芥末美乃滋醬

┌ 白酒醋…½ 小匙
│ 美乃滋…2 大匙
│ 醬油…2 小匙
│ 檸檬汁…2 小匙
└ 芥末…少許
自己喜歡的香草(香芹之類的)…適量

製作方法
1 將鰹魚半敲燒切成薄片。奇異果剝皮後切成圓輪狀。酪梨縱切一半後切成薄片。
2 於碗中將「芥末美乃滋醬」的材料充分混合在一起。
3 於盤中將步驟 1 的鰹魚、奇異果及酪梨配色交錯並列。淋上步驟 2 的醬,配上喜歡的香草。

MEMO

● 酪梨若一顆使用不完時,請連種子一起包起來就不容易變色。

鮪魚與酪梨這對最佳拍檔 (Best Combi) 製作成塔塔 (Tartar) 風。
這道料理乍見之下似乎很難製作，但製作方法卻超簡單！大力推薦這一道！

鮪魚與酪梨的塔塔 (Tartar) 風

材料 (1 人份)
鮪魚紅肉 (生魚片用)…50g
酪梨…1/2 顆
洋蔥…1/8 顆

A
┌ 橄欖油…1 大匙
│ 醬油…約 1/2 小匙
│ 鹽…一撮
└ 胡椒…適量
貝比嫩葉 (Baby Leaf)…適量
檸檬…適量

製作方法

1 酪梨切成 7 mm × 7 mm 的塊粒狀。將鮪魚 15g 左右切成與酪梨同樣大小，剩下的鮪魚用魚刀拍細備用。洋蔥切碎水洗後，將水分瀝乾放置著。

2 於碗中將步驟 1 的酪梨、鮪魚及洋蔥合在一起，加入 A 後混合拌勻。

3 將步驟 2 填滿容器，塑造形狀後盛入盤中，四周配上貝比嫩葉 (Baby Leaf) 與檸檬等配菜。

MEMO

● 依喜好淋上檸檬汁，或添加柚子胡椒等味道都很可口。

● 除了鮪魚外，也推薦用鰹魚類料理。

● 若無特製的圓圈容器 (cercle)，用現有的保存容器也 OK。此處使用直徑 12 ～ 13 cm 容器。在容器內填滿適量的塔塔 (a)，推平表面 (b) 後，將容器反過來倒至盤中 (c，d)。

a　　　　b　　　　c　　　　d

鮭魚搭配非常對味的蒔蘿酸豆做成的醬料，無疑是美味的最佳組合。
添加上足夠的蔬菜可大飽口福。

鮭魚的涼拌沙拉
蒔蘿酸豆風味醬料

材料（1 人份）
鮭魚（生魚片用）…50g ～ 60g
鹽…約½ 小匙
胡椒…適量
洋蔥（切碎）…中¼ 顆
蒔蘿（又稱小茴香）酸豆 (capers) 風味醬料
 ┌ 蒔蘿（生）…2 枝
 │ 酸豆 (capers)…1 小匙
 │ 橄欖油…2 大匙
 │ 檸檬汁…1 小匙
 │ 白酒醋…1 小匙
 │ 鹽…½ 小匙
 └ 胡椒…少許
貝比嫩葉…適量
橄欖（切成圓輪形薄片）…1 個
小番茄…2 ～ 3 個

製作方法
1 製作「蒔蘿酸豆風味醬料」。蒔蘿切碎。酸豆的一半
 也切碎。將橄欖油、檸檬汁、白酒醋、鹽、胡椒及剩
 下的酸豆混合在一起。
2 將鮭魚切成所喜歡的厚度薄片，並輕撒上鹽與胡椒。
3 將步驟 2 的鮭魚盛於盤中，撒上洋蔥後，全部遍淋風
 味醬料。依喜好配上貝比嫩葉及已切好容易食用的小
 番茄與橄欖。

MEMO

● 在淋上風味醬料之前，預先將鹽與胡椒撒在鮭魚
 上，鹽味可使鮭魚更為顯眼、可口。

17

使用熱那亞青醬佐章魚與番茄，是一道漂亮的前菜。
若是自製青醬，一定更別具風味，令人口齒留香。

章魚與番茄佐熱那亞青醬

材料 (2 人份)
燙好的章魚…50g
小番茄…6 個
熱那亞青醬…2 大匙
橄欖油…1 大匙
鹽、胡椒…各適量
羅勒…適量

製作方法
1 章魚用熱開水汆燙，擦乾水分後切成容易食用的大小形狀。將小番茄
　1 個切成 4 等分。
2 將步驟 1 的章魚與小番茄、熱那亞青醬 (Genovese sauce)、橄欖油
　混合放入盤中，為不使番茄碎掉，請輕輕地攪拌。
3 視味道，必要的話，用鹽巴與胡椒調整味道後盛入容器內，添加羅勒。

MEMO

- 章魚使用前用熱開水汆燙過，可消除腥味。
- 除了章魚與番茄的搭配外，其他亦可搭配小柱、帆立貝、蝦子、馬鈴薯及四季豆等。
- 「熱那亞青醬」使用市售的商品也 OK。這種情形時，請選購天然的材料為佳。

- 自製「熱那亞青醬」的製作方法如下。摘取羅勒約 10 枝分量的葉子洗淨後將水分擦拭掉。將蒜頭 (切粗)5～10g、松子 30g、橄欖油 150㎖、鹽及胡椒等放入食物調理機內攪拌，松子與蒜頭若切碎了時，加入羅勒的葉子打成醬狀。加入起司粉 (若有的話使用帕馬森起司〈Parmigiano-Reggiano〉) 30g 的話，味道會更為濃郁香醇。

POINT 清爽柑橘類的酸味與香味襯托出肥美的沙丁魚。
請充分添加所喜歡的香草與淋上優質的橄欖油。

沙丁魚 的醃泡汁

材料 (2 人份)
沙丁魚 (生魚片用)…2 尾
鹽…½ 小匙
A
┌ 檸檬果汁 (酸橘果汁等)…2 大匙
│ 白酒醋＊…2 大匙
└ 砂糖…1 又½ 小匙
胡椒…適量
橄欖油…適量
自己喜歡的香草…適量

製作方法
1 用手撥開取出脊骨,並將魚皮剝掉,
  撒上鹽巴,靜置 20 ～ 30 分鐘後,
  將出水與鹽水輕輕地擦拭掉。
2 將 A 加在一起,充分混合後淋至上,
  靜置 30 分鐘以上,可能的話以 1 個
  小時左右為宜。
3 將步驟 2 沙丁魚削成薄片後盛入盤
  中,撒上胡椒,再淋上橄欖油。最
  後再用自己所喜歡的香草點綴。

MEMO
使用蘋果醋取代白酒醋,也同
樣美味可口。蘋果醋是用蘋果
所製成的醋,強烈的酸味與魚
貝類的性質也非常對味。

沙丁魚用手剝開處理

由於沙丁魚的身體很柔軟,用手很
容易就可剝開處理。將頭與內臟去
除後 (可請魚店處理) 就可妥善料
理。

1 將魚頭朝向自己,腹部向
上拿著,將拇指插入脊骨
與魚身之間,向尾巴方向
移動,將腹部剝開。

2 換個方向,將魚尾朝自己,
拇指觸及脊骨的兩側,並
往頭部的方向移動,就可
將脊骨鬆解開來。

3 用魚刀的尖端切開魚身,將
有魚皮的那一面向下,並將
魚刀橫置,插入脊骨與魚身
之間,然後將脊骨切開。

4 用拇指插入魚身與魚皮之
間,抓住這裡的魚皮後將
皮剝下。

19

 POINT　將有點特別的鰹魚生魚片切成容易食用的形狀，
搭配香味醇厚的芝麻與香味蔬菜。全部混合後就可大快朵頤一番了。

鰹魚拌沙拉　芝麻鹽調味醬汁

材料 (2 人份)

鰹魚 (生魚片用)⋯約 150g

洋蔥⋯½ 顆

芝麻鹽調味醬汁

┌ 芝麻油⋯4 大匙

│ 醋⋯1 大匙以上

│ 鹽⋯½ 小匙

└ 芝麻粉⋯1 大匙

青紫蘇 (切絲)⋯4 葉

製作方法

1 鰹魚切成容易食用的薄片。洋蔥切絲，用冷水冰鎮後使魚呈直挺狀。青紫蘇也水洗後切絲。

2 將「芝麻鹽調味醬汁」的材料放入碗中充分混合。

3 將步驟 1 的鰹魚並排在盤中，然後將洋蔥與青紫蘇的切絲盛得滿滿的，並全部淋上步驟 2 的芝麻鹽調味醬汁。添加青紫蘇的切絲。

MEMO

● 推薦也可以依個人喜好伴入番茄喔！

切生魚片的小撇步

介紹初學者也容易上手的方法。首先將接近刀柄處的刀刃垂直碰觸魚體 (a)，拉往自己的方向 (b) 至刀尖切開 (c)。魚刀前後數次移動，魚肉就容易切下。祕訣是盡量往同一方向切。

a　　　　　b　　　　　c

POINT 味道鮮美的鰹魚搭配香味蔬菜相當對味。
口味清淡的初鰹無須贅言，飽滿肥美的回頭鰹也請品嚐看看。

鰹魚半敲燒　香味醬汁

材料 (2 人份)
鰹魚半敲燒…約 200g

香味醬汁

  生薑 (磨碎)…10g
  蒜頭 (磨碎)…5 ～ 10g
  蔥 (切碎)…¼ 根
  醬油…3 大匙
青紫蘇 (切碎)…4 葉

製作方法
1 鰹魚半敲燒切片做成容易食用的大小。
2 將「香味醬汁」的材料全部混合在一起。
3 將步驟 1 的鰹魚盛在器皿中，充分淋上「香味醬汁」，盛
  上青紫蘇。

MEMO

● 依喜好最後再添加上切成薄片的蘘荷亦可。
● 自製「鰹魚半敲燒」時，將油炸鍋預熱後，倒入一層
  薄油，從有魚皮的那一面烤起。表面變色後再迅速地
  整個燒烤。冰鎮後立即拭去水分。

竹莢魚拌沙拉
酸豆與蒔蘿籽風味醬料

材料 (2 人份)
竹莢魚 (生魚片用)…2 尾
鹽、胡椒…各適量

酸豆與蒔蘿籽 (Dill seed)
風味的調味汁

- 洋蔥 (切碎)…小¼ 顆
  義大利芹菜 (切碎)…1 支
  酸豆 (切碎)…1 小匙
  蒔蘿籽…⅛ 小匙
  橄欖油…3 大匙
  白酒醋…1 大匙
  鹽…½ 小匙
- 胡椒…適量

蒜頭…5g
義大利芹菜…適量

製作方法

1 將竹莢魚裁切成三片後剝皮,將魚身削成容易食用的形狀。

2 將蒜頭的斷面塗擦整個盤子。將步驟 1 的竹莢魚盛入盤中,輕輕地撒上鹽與胡椒。

3 於碗中,將醬料的材料全部加在一起充分混合後,淋到步驟 2 的竹莢魚上,並用義大利芹菜 (自己所喜歡的香草) 點綴。

> **MEMO**
>
> ● 蒔蘿籽是將蒔蘿的種子乾燥而成,是一種相當適合與魚類搭配的香草。亦與醋很相配。若有的話,將新鮮的蒔蘿切細後加入亦可。
> ● 「酸豆與蒔蘿籽風味的醬汁」與鮭魚或竹莢魚搭配亦很適合。

日本竹莢魚的裁切方式
裁切成三片分別為上肉身、脊骨身、下肉身的基本裁切方式。盾鱗 (棘狀硬鱗部分) 切掉。

1 用魚刀刮掉魚鱗,將魚刀橫置,插入盾鱗的下方,前後邊移動邊切除。

2 邊壓著頭部邊拉起胸鰭,將頭部斜切取下。

3 將頭部朝前,腹部向右放置,由臀鰭處將腹部切下。

4 用魚刀的刀尖取下內臟,將位於背部和腹部交接處的暗紅色魚肉部分亦用刀尖挑出取下。

5 用指尖一面摳魚腹內部,一面用流水清洗乾淨後,連魚腹內部的水分都要拭掉。

裁切成二片

裁切成三片

剝下魚皮的方法

6 由頭側向尾部的方向,沿著脊骨插入魚刀,將上肉身切開。裁切成 2 片

7 一直切至尾巴底部後,一半肉身即切開了。此為裁切成 2 片的狀態。

8 將附有脊骨的魚身翻過來,同樣的,由頭側將魚刀插入沿著脊骨向尾側,將下肉身切下。

9 由上至下分別為上肉身、脊骨及下肉身等 3 片之狀態。

由頭側緊抓著魚皮向尾部拉扯,將魚皮剝下。

POINT 鮪魚用來作為生魚片食用無庸置疑，若「醃漬」的話又別有一番鮮美爽口的風味。
青紫蘇撕碎後添加在上面亦可。

醬漬鮪魚丼

材料 (2 人份)
鮪魚 (生魚片用)⋯200g
漬丼調味醬汁
　醬油⋯40㎖
　酒⋯100㎖
　味醂⋯20㎖
溫熱的米飯⋯適量
烤海苔 (撕碎)
　⋯全形¼ 片
青紫蘇、芥末⋯各適量

製作方法

1 製作「漬丼調味醬汁」。在鍋中放入醬油、酒、味醂後開火，加熱至酒精揮發後冷卻備用。

2 步驟 1 冷卻後加入切成薄片的鮪魚，醃 20 分鐘左右。

3 將飯盛入碗中，依撕碎的烤海苔→鮪魚的順序盛放，並添加青紫蘇及芥末。

MEMO

● 想要製作『漬』，鮪魚不可露出醬汁之外，這是訣竅 (a)。

● 醬漬鮪魚丼是在醃入醬汁的狀態下可加以冷凍。將表面用包裝紙緊密覆蓋阻絕空氣後，蓋上蓋子，冷凍保存 (可保存 1 週左右) (b)。解凍在冰箱進行。

● 可用壽司飯 (壽司飯用煮成稍硬的米飯 660g ＋壽司醋 (醋 50㎖＋砂糖 ¾ 大匙＋鹽½ 小匙) 代替米飯。

a

b

POINT 鰹魚與香醇的芝麻醬堪稱絕配。添加具有清爽香味與辛辣的柚子胡椒乃是重點。
僅使用橄欖油、鹽巴及胡椒調味。發揮食材最原始的風味。

鰹魚的芝麻調味醬汁丼

材料（2～3人份）
鰹魚（生魚片用）…180～200g
芝麻醬丼的調味醬汁
┌ 酒（加熱將酒精揮發）…120㎖
│ 芝麻糊…50g
│ 醬油…60㎖
│ 醋…1大匙
└ 芝麻粉…2大匙
溫熱的米飯…適量
柚子胡椒…依喜好

製作方法

1 製作「芝麻醬丼的調味醬汁」。將酒加熱至
  酒精揮發後冷卻備用。將煮好的酒、芝麻糊
  及醬油放入混合，冷卻後將醋與芝麻粉放入
  混合拌勻。

2 將鰹魚切成適合食用的薄片，加入步驟1的
  醬汁後放入冰箱醃漬30分鐘。

3 將剛煮熟的米飯盛至丼上，將步驟2的鰹魚
  放在上面，再添加些柚子胡椒。

加入少許的醋醃漬能夠增
添芝麻的香氣，更能提味。

MEMO

● 酒180㎖加熱後約剩120㎖，使用這種
  煮過的酒。

● 除了鰹魚外，鮪魚、鯛魚及三線雞魚等
  魚類味道也都很鮮美。

善加利用食用前的準備

與醬汁調理技巧

就能毫無壓力輕鬆地

製作出一道道美味的佳餚

「義式水煮魚」為蒸煮新鮮魚貝類的一種義大利料理。
利用簡單的調味就可充分逼出魚類的鮮美味道。
製作出乎意料的簡單,看起來卻很奢華又很好吃,擁有一舉三得的優點。

鯛魚 —輕鬆就能上手的義式水煮魚 (Acqua Pazza)

材料 (2～3 人份)

鯛魚…1 尾
蝦子 (無頭、帶殼)
　…2～4 尾
蛤蜊 (已吐沙乾淨)
　…約 8 個
鹽、胡椒…各少許
蒜頭…10g
橄欖油…2 大匙
鯷魚 (魚片)…1 片
白酒…100ml
小番茄…8 個
橄欖 (去核)…約 8 個
酸豆…1 小匙

製作方法

1　先將鯛魚的鱗、鰓及內臟去除,腹內洗滌乾淨後,用餐巾紙擦拭乾淨,抹上少許的鹽與胡椒。為使火能順利燒烤,在魚體上紋切。

2　蝦子帶殼水洗後去除水分。蛤蜊吐沙備用。

3　將蒜頭切半去芽,用刀腹拍碎。

4　準備一個鯛魚可整條放入的煎鍋,將橄欖油、步驟 3 的蒜頭及鯷魚放入,開小火。

5　蒜頭的香味出來後,將步驟 1 的鯛魚整條放入,並將步驟 2 的蝦子與蛤蜊放入 (a),注入白酒後蓋上鍋蓋,開始燜烤。

6　待蛤蜊的口張開後,放入小番茄、橄欖及酸豆 (b)、(c),再次蓋上鍋蓋,燜烤至鯛魚全熟 (d)。鯛魚熟透後盛至盤子上。

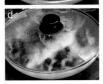

MEMO

- 鯛魚食用前的準備階段若感到很麻煩的話,可請求魚店處理就會輕鬆許多。
- 蝦子的外表很漂亮,因此可帶殼處理,就算對蝦子介意的客人也不會有問題。
- 小番茄可用乾燥的番茄取代,加入 20g 的話,可增加甘甜度以及不一樣的美味。
- 依自己的喜好,最後亦可添加義大利芹菜或檸檬。

利用含有酒與醋的爽口調味醬汁醃漬竹莢魚,這種「南蠻漬」呈現出可口的法國風味。
一起醃漬的松子與葡萄乾乃是重點。在冰箱可保存 2 ～ 3 日。

日本 竹莢 魚的油炸醃漬風味

(譯註:魚類經過油炸,與調和過的醋汁醃漬,稱之為南蠻漬)

材料 (4 人份)

日本竹莢魚…3 尾

鹽、胡椒…各適量

麵粉…適量

橄欖油 (炸油)…適量

油炸醃漬 (Escabeche) 汁

A

┌ 白酒與水…各 200 ㎖

　砂糖…2 大匙

　鹽…¾ 小匙

　百里香 (thyme)、芫荽、蒔蘿籽

　　…各¼ 小匙的量

　月桂葉 (laurier)…2 葉

　白酒醋…2 大匙

└ 胡椒 (單孔)…10 粒

B

┌ 洋蔥 (切絲)…約½ 顆

　胡蘿蔔 (切絲)…約¼ 條

　葡萄乾…2 大匙

└ 松子…2 大匙

製作方法

1 製作「油炸醃漬 (Escabeche) 汁」。將
　A 的材料 (白酒醋除外) 放入鍋中後開火
　加熱。煮開後砂糖若已溶解,在最後加
　入白酒醋後熄火。

2 在步驟 1 加熱過程中,放入 B 材料,蓋
　上鍋蓋,約 10 分鐘讓全部溶合在一起。

3 竹莢魚裁切 3 片並取下小骨 (P.23) 後切
　薄。撒上鹽與胡椒後裹上麵粉。

4 在油炸鍋中放入適量的橄欖油加熱,將
　步驟 3 油炸至香味四溢。

5 將步驟 4 放入保存容器內,趁魚正熱燙
　當中淋上步驟 2 的醃漬汁。之後放置冷
　卻並使味道醃入。

MEMO

● 葡萄乾用熱開水泡 1 ～ 2 分鐘後將水
　分去掉再使用,如此的話,味道會更
　為相稱。

POINT 以足量的蔬菜、味道清爽的南蠻醋醃漬竹莢魚。
用燒烤料理竹莢魚，善後處理非常容易。因為可預先製作，因此可多製作一些。

日本竹莢魚的南蠻漬風味

材料 (2 人份)
竹莢魚 (裁切成 2 片，P.23)…中 2 尾
鹽…少許
太白粉…適量
南蠻醋

A
┌ 高湯…200㎖
│ 醬油…20㎖
│ 酒…20㎖
│ 砂糖…小於 1 大匙
└ 鹽…⅛ 小匙
醋…20㎖
洋蔥 (切絲)…½ 顆
└ 胡蘿蔔 (切絲)…¼ 條
炸油…適量

製作方法
1 製作「南蠻醋」。將 A 倒入小鍋中
   合在一起開火加熱。沸騰之後砂糖
   若已溶解，最後加入醋，熄火，加
   入洋蔥與胡蘿蔔，使溶合在一起。
2 將鹽巴輕輕地撒到竹莢魚上，放置
   20 ~ 30 分鐘後，拭去產生出來的
   水分，塗上太白粉。
3 將油倒入油炸鍋，油約蓋住鍋子底
   部 (2 ~ 3 大匙) 即可。燒烤步驟 2
   的竹莢魚雙面。
4 趁步驟 3 的竹莢魚正熱燙當中迅速
   盛在盤上，再全部淋上步驟 1 的南
   蠻醋。

MEMO

● 炸油因為用於炸烤，一些些
   油即可。在燒烤中若覺得油
   太少，可再多補充一些。

POINT 打開烘焙紙出現在眼前的是，散發香草香氣的整條鯛魚。
使用烤箱調理相當輕鬆，一下就能完成鬆軟多汁的燒烤料理。

鯛魚 全身滿是香草的燒烤

材料 (2 ～ 3 人份)
鯛魚…1 尾
鹽…適量
(以鯛魚體重的 0.8%～ 1%
為標準)
自己喜歡的新鮮香草數種
 …合起來 20g 左右
胡椒…適量
橄欖油…適量

製作方法
1 先將鯛魚的鱗、鰓及內臟去除，腹內洗滌乾淨後，用餐巾紙擦拭乾淨。
2 全魚體與腹部內側抹上鹽與胡椒 (a,b)，將香草的一半分量塞到腹部 (c)。
3 將步驟 2 盛在鋪有烘焙紙的烘盤上，將其餘的香草敷在魚體下面及鰓的部分 (d)。
4 整條魚淋上橄欖油 (e)，再以烘焙紙包起來 (f)。
5 以餘熱 180℃的烤箱燒烤 30 ～ 40 分鐘 (燒烤時間視魚體的大小增減)。

MEMO

● 塞到魚體的香草使用義大利芹菜、迷迭香、百
里香及檸檬草。可將許多種香草混合起來使
用。特別推薦與魚類相當對味的百里香。

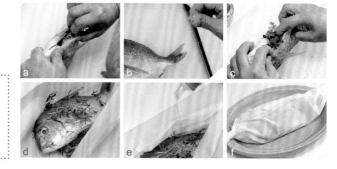

魚 + 香草 色香味俱全

香草可消除魚類的腥臭味外，也可引出並提高食材所具有的味道。本
文精選出魚類料理所經常使用的香草加以介紹。

一般的魚類僅搭配香草，就能搖身變成人間極品。

若能取得香草的話，建議以新鮮的香草為佳，但依自己喜好，綜合乾
燥香草也可以。

百里香

具有清爽的香味，別名又稱為「魚類的香草」。燉煮魚、肉或香草烤料理時經常使用到。具有消除魚肉腥味的作用，料理時可增添風味及深度。

迷迭香

其特徵為具有獨特濃郁的甘香味。與具有特性的沙丁魚、竹莢魚及秋刀魚等青背的魚類非常搭配；另一方面，亦適合於白肉魚、雞肉及馬鈴薯等淺白色的食材。

奧勒岡 (Oregano)

日本名稱為花薄荷。令人舒暢的香味與又甜又苦是其特徵。地中海料理，特別是披薩及義大利麵食 (Pasta) 等義大利料理經常使用到的香草。與番茄料理及起司亦相當搭配。

羅勒

義大利料理所不可或缺的香草。與番茄的搭配性堪稱絕配。廣泛使用於沙拉、湯類、義大利麵食、披薩及番茄等料理。為製作熱那亞青醬 (Genovese Pesto) 的材料而廣為人所熟知。

義大利芹菜

比起荷蘭芹來，義大利芹的香味更為沉穩且食感柔軟。大多切碎後添加於調味料或湯中，以及做為增添料理色彩之用。適合使用之料理範圍廣泛，為萬能的香草。

蒔蘿

長有細軟的葉子，清爽的芳香與又甜又苦的味道是其特徵。非常適合於魚貝類料理，特別是與鮭魚更為適配。亦可使用於調味汁、美乃滋、起司及湯類等。

乾燥綜合香草

綜合數種的乾燥香草，適合長期保存，使用時拿取必要的部分即可，相當方便。照片為「普羅旺斯香草 (Herbes de Provence)」。

POINT 烏賊用文火燉煮可製做成柔軟脆嫩的口感是祕訣所在。
加入烏賊腸子的番茄醬味道香濃,搭配美酒也非常適合。

烏賊 燉煮番茄

材料 (2 人份)

烏賊…1 隻

鰻魚 (魚片)…2 片

Passata Rustica 番茄泥
　(Tomato puree (P.45)…400g

洋蔥 (切絲)…1 顆

蒜頭…10g

橄欖油…2 大匙

A ┌ 白酒…150 mℓ
　├ 酸豆…1 大匙
　├ 橄欖…6 個
　└ 月桂葉…1 葉

鹽…½ 小匙

胡椒…適量

製作方法

1 將蒜頭切半去芽,用刀腹拍碎。

2 烏賊進行食用前準備 (不剝皮),將身體切成圓輪狀。觸腳的部分也清洗乾淨,去除足尖後切成 4〜5 cm長。腸子取出備用。

3 將橄欖油與步驟 1 的蒜頭一起放入深的炸鍋,以文火慢慢加熱,香味出來後加入鰻魚一起炒。

4 將洋蔥加入步驟 3 一起炒,炒軟後,加入步驟 2 的烏賊合炒,並輕輕撒入鹽及胡椒。烏賊炒半熟後,加入 Passata Rustica 炒一下,加入 A,以文火煮 15〜20 分鐘,不加鍋蓋。

5 最後將步驟 2 的腸子加入混合,再稍煮一下,用鹽、胡椒調整味道。

MEMO

● 搭配法式棍子麵包 (baguette) 吃的話味道超棒!

● 也可做為「羅勒青醬」(Pesto Sauce) 使用。

烏賊的食用前準備　不需使用刀子,若懂得要領的話很容易處理。需注意避免弄破腸子及墨囊。

1 將指頭伸入身體之中,將腸子與身體分離。

2 抓著觸腳拉出腸子。注意墨囊。

3 將指頭伸進身體之中,軟骨也一起拉掉。

4 拉扯三角形背鰭,同時將皮剝下。

5 其餘的皮可用紙巾剝下,乾淨俐落!

 可成為下酒菜或主菜的菜單。
沙丁魚用足量的橄欖油慢慢加熱，可使魚體鬆軟，
連骨頭也都軟若無骨。

魚的香草與橄欖油燒烤

用麵包沾含有香草香味的
油吃起來也津津有味。

材料 (2 人份)

沙丁魚…4 尾
鹽…1 小匙
百里香…2 枝
迷迭香、奧勒岡 (Oregano)
　…各 1 枝
蒜頭…10g
月桂葉…2 葉
紅辣椒 (乾燥)…1 條
胡椒…適量
橄欖油…200 ～ 250㎖

製作方法

1 將沙丁魚的頭切掉，取出內臟，將腹內洗滌乾淨，拭
　去水分後，撒上鹽巴並靜置 30 分鐘。
2 蒜頭對半切，去芽，以刀腹拍碎備用。將紅辣椒子取
　出，對半切。
3 將步驟 1 的沙丁魚所產生出的水分拭掉，並列於耐熱
　容器中。
4 將香草類、步驟 2 的蒜頭與紅辣椒盛入步驟 3，撒上
　胡椒 (a)。注入橄欖油 (b・c)。放入餘熱至 140℃的烤
　箱中燜烤約 60 分鐘。

MEMO

● 喜歡內臟苦味的人可不需去除內臟，就保留著直接調理。

● 除新鮮的香草外，亦可用乾燥綜合香草 1 小匙取代。

燒烤適中的起司與味噌的香味令人垂涎三尺！
剛出爐香噴噴的滋味，請趁熱品嚐！

鮭魚 與菠菜的味噌風味起司燒烤

材料 (2 人份)
鮭魚 (切片)…2 片
菠菜…1/2 束
洋蔥 (切絲)…1/4 顆
A
┌ 味噌…2 大匙
│ 酒、味醂…各 1 大匙
└ 醬油…1/2 大匙
起司 (可溶化形態)…100g

製作方法
1 將菠菜燙過，切除根部後，切成約 3 ㎝的長度。
2 為使鮭魚容易食用，切成一口大小。
3 將步驟1的菠菜鋪在耐熱容器上，再盛上步驟 2 的鮭魚與洋蔥。
4 將 A 混合後淋至步驟 3 上，並充分淋上可溶解形態的起司。
5 將步驟 4 放入餘熱至 180 ～ 200℃的烤箱中，至燒烤得剛剛好約需 15 分鐘。

MEMO

● 可溶解形態的起司建議用自然的較好。此處是使用切細之切達起司 (Cheddar，或格呂耶爾芝士〈 Gruyre cheese〉)。

宴請客人的上菜時間 縮 短 術

宴請客人的上菜「時間縮短術」
宴請客人時，為了準備料理，不斷在廚房與餐桌之間來來回回……。
一回神才注意到竟然沒和客人說上幾句話，有無這種經驗呢？
客人難得來訪，應該是想和他們一起同樂話家常吧？
此處介紹幾個我平常宴請客人時所實施的上菜「時間縮短術」。

1 剛開始所做的料理，要能盡量有空檔坐在位置上和客人聊天

我在自家宴請客人之前，會預先準備並盛好前菜，等客人一上座就馬上端出來。在食用前菜之間，我也會坐在位置上邊和客人閒話家常邊用餐。如此的話，款待客人時，精神上就不會有負擔而感到很自然，整個就會產生放鬆的氛圍。

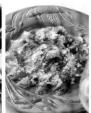

2 熱騰騰的料理全部準備就緒

之後的菜餚，也都預先準備好，只要熱一下立即就可上菜。因此，訪客蒞臨時，只要重新熱過後就可上桌了。在享用料理之間也可坐在位置上和客人談天說笑。為了將離開位置的時間縮到最小限度，必須將上桌前的料理全部準備就緒，如此的話，就可從容不迫，而客人等待上菜的時間也會縮短，可謂一石二鳥。

3 善加利用燉煮料理及烤箱料理，只需加熱或燒烤的料理也可搭配組合

燉煮料理及烤箱料理若可預先準備就緒的話，只要加熱或燒烤就可使餐桌豐盛、菜色繽紛，而且自己也不需一直在廚房忙碌。因此，我製作宴客料理時，一定會安排一道或兩道燉煮料理或烤箱料理。

告別醃泡汁食譜

利用一般的「魚片」

就可千變萬化，

自由自在！

POINT

不起眼的鯖魚肉片，
若淋上色彩繽紛的新鮮番茄醬，也可成為餐廳風味的一盤佳餚。
請享用肥美的鯖魚類料理。

鯖魚 的嫩煎
新鮮番茄醬

材料 (2 人份)
鯖魚 (魚片)…2 大片
鹽、胡椒…各適量
麵粉…適量
新鮮番茄醬
┌ 小番茄 (紅、黃)…合起來 10 個
│ 洋蔥…¼ 顆
│ 蒜頭 (磨碎)…少許
│ 檸檬汁…1 小匙
│ 白酒醋…½ 小匙
│ 橄欖油…2 大匙
│ 鹽…⅓ 小匙～
└ 胡椒…少許
羅勒葉 (或義大利芹菜)…適量

製作方法
1 鯖魚先稍撒些鹽巴、撒胡椒後，沾滿麵粉。
2 製作「新鮮番茄醬」。將小番茄切成 8 等分。
　洋蔥切碎，稍泡一下水後將水分瀝乾。將小
　番茄及洋蔥放入碗中，其他材料也加進來混
　合拌勻。
3 將橄欖油在油炸鍋中加熱後，再將步驟 1 的
　鯖魚帶有魚皮的一面先放入，兩面燒烤。
4 將步驟 2 的「新鮮番茄醬」淋到步驟 3 上，
　再用羅勒點綴。

POINT 清爽的鯛魚搭配濃郁的奶油風味與蔬菜鮮美味道，蒸烤而成的一道料理。
用一個油炸鍋就可輕鬆搞定，按一個讚！

鯛魚 搭配小番茄奶油風味蒸烤

材料 (2 人份)
鯛魚 (魚片)…2 大片
洋蔥 (切絲)
　…大 $\frac{1}{2}$ 顆
小番茄…6 個
白酒醋…2 大匙
奶油 (無添加食鹽)
　…30g
鹽…$\frac{1}{2}$ 小匙
胡椒…少許
義大利芹菜…少許

製作方法
1 鯛魚撒上鹽巴與胡椒。
2 將烘焙紙切大張一點，依洋蔥→步驟 1 的鯛魚→小番茄的順序盛放在烘焙紙上，
　灑上白酒，放上奶油 (a)，用烘焙紙包覆起來 (b)。
3 在油炸深鍋中放入淺淺的一層水後開火加熱 (c)，水沸騰後蓋上鍋蓋，蒸烤 10 分
　鐘左右 (d)。
4 蒸好後盛在盤子上，打開烘焙紙，用義大利芹菜點綴。

POINT　嫩煎鰈魚片，使用頗受歡迎的奶油與醬油風味，引人食指大動！
吃膩燉煮的話，不妨嘗試製作今日這道極品料理吧！

鰈魚 的奶油醬油嫩煎

材料 (2 人份)
鰈魚 (魚片)…2 大片
胡椒、鹽…各少許
麵粉…適量
奶油 (無添加食鹽)…10g
橄欖油…1 大匙

A
┌ 奶油 (無添加食鹽)…15g
│ 醬油…1 大匙
└ 白酒…1 又 ½ 大匙

製作方法
1 鰈魚稍抹些鹽與胡椒，再整個沾上麵粉。
2 將奶油與橄欖油放入油炸鍋開火加熱，
　煎烤步驟 1 的鰈魚片之兩面。
3 鰈魚片煎烤到適中時，加入 A，使整體
　味道緊密結合在一起。

POINT　柚庵地調味醬不僅是魚類，也可醃漬肉類，是一道萬用醬汁。
簡單的配方，應用範圍卻相當廣泛，熟練後請列入食譜清單中吧。

鮭魚 的柚庵燒

材料 (2 人份)

鮭魚 (魚片)…2 大片

柚庵地調味醬

┌ 醬油…40㎖

│ 味醂…40㎖

│ 酒…40㎖

└ 香橙…½ 顆

製作方法

1 將鹽巴 (分量外) 輕撒在鮭魚上，靜置 20 ～ 30 分鐘。
　 之後將出水擦乾。

2 於容器內將柚庵地調味醬的材料 (香橙除外) 全部放入
　 容器內混合後，再將切對半洗過的香橙放入。

3 將步驟 1 的鮭魚放入步驟 2 的柚庵地調味醬中醃漬 30
　 分鐘以上。

4 將油炸鍋加熱，為不使步驟 3 的魚燒焦，以中火～小火
　 燒烤。最後將醃漬剩餘的醬汁倒入，開大火，邊使水分
　 蒸發，邊讓味道滲入整體。

MEMO

● 魚肉要確實醃漬在調味醬中。用餐巾紙 (不織布類) 覆蓋後再蓋
　 上蓋子。

● 不只是魚肉，雞肉也可用柚庵地調味醬醃漬，味道也一級棒。配
　 方比例為：醬油：味醂：酒＝全部 1：1：1 的同比例。記住調配
　 比例的話，就會成為一道非常方便的萬用調味醬。

POINT 豐腴的青甘鰺搭配摻有白蘿蔔泥的蘿蔔泥醬，吃起來清淡爽口。
除了青甘鰺外，鯖魚、竹莢魚等也可如此製作成美味佳餚！

青甘鰺 (鰤魚) 的蘿蔔泥醬

材料 (2 人份)

青甘鰺 (魚片)…2 大片

鹽…少許

麵粉…適量

芝麻油…1 又 1/2 大匙

蘿蔔泥醬

A
- 高湯…100㎖
- 酒…1 大匙
- 醬油…1 小匙
- 鹽…1/4 小匙

白蘿蔔泥…3 ～ 4 ㎝長的分量

溶水性太白粉…適量

鴨兒芹…適量

製作方法

1 輕撒些鹽巴在青甘鰺上，沾麵粉後，將芝麻油放入油炸鍋中，燒烤魚肉兩面，之後盛至盤上。

2 製作「蘿蔔泥醬」。將 A 放入鍋中加熱，煮開後放入白蘿蔔泥，稍煮開時，將可溶解於水的太白粉來回勾芡，煮成濃稠狀。

3 將步驟 2 熱呼呼的「蘿蔔泥醬」淋到步驟 1 上，再用鴨兒芹點綴。

MEMO

● 除了青甘鰺外，鯖魚、竹莢魚等青背魚亦可如法炮製，味道都很清爽可口。

西京漬燒

鹽麴漬燒

酒糟漬燒

將魚肉片醃漬後製作成燒烤料理！

用肉片燒烤超簡單！美味！又方便保存！『一石三鳥』的魚肉醃漬料理。
此處介紹頗受青睞的青甘鰺 3 種料理方式：西京漬燒、鹽麴漬燒、酒糟漬燒。

1　魚肉撒上鹽巴後靜置 30 分鐘左右。將出水擦乾。

鹽量為魚體重的 0.8 ～ 1% 為標準（但「鹽麴漬」不需鹽巴）。

**2　將魚肉醃漬在自己所喜歡的「漬床」（譯註 1）
醃漬（請參閱下文）。**

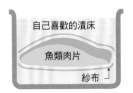

用紗布包著魚肉片，上下重疊鋪於漬床中。漬床能包覆魚肉的程度就 OK。
以醃漬 2 天為標準。在此狀態下亦可冷凍。

※ 此處介紹的漬床之中僅鹽麴（鹽分相當高）的鹽量標準為使用魚片重量的
10 ～ 12%。

西京味噌床

西京味噌（白味噌）……500g
味醂 ……………………100㎖
黍砂糖（譯註2）…………50g
鹽 ………………………40g

將所有的材料放入碗中，全部充分混合拌勻，再用食物處理器攪拌滑順。

鹽麴

米麴（生）……………400g
溫水 ……………………400g ～
鹽 ………………………120g
※ 水量依麴的吸水率不同而需調整。

將米麴裝入塑膠袋內搓揉後放入碗內，加入溶有鹽巴的溫水中混合均勻，在常溫下 7 ～ 10 日熟成後冷藏保存。

酒糟床

酒糟 ……………………500g
味醂 ……………………40㎖
酒 ………………………60㎖
黍砂糖 …………………90g
鹽 ………………………30g

將所有的材料放入碗中，全部充分混合拌勻，再用食物處理器攪拌滑順。

（譯註 1：製作醃漬物時，預先將材料醃漬成米糠味噌或麴等）
（譯註 2：精製砂糖的一種，色偏淡黃，類似台灣的二號砂糖）

3　醃漬完成的魚肉燒烤程度依自己喜好增減

使用烤箱的話，放任不管也不會失敗！將烤好的魚肉用烘焙紙輕輕地包覆著，放在烤盤上，用可加熱至 180℃ 的烤箱依自己喜好增減燒烤程度。想要魚肉看似鮮潤，則以剛好的火候燒烤；想要帶點焦味的話，則打開烘焙紙追加燒烤。

> **MEMO**
> ● 在漬床醃製的魚類，推薦「青甘鰺」、「鰆」、「鮭魚」、「金眼鯛」等。
> 　將肉類（雞、豬、牛肉等）醃漬在這些漬床後再燒烤也十分味美可口。

POINT 油炸得香噴噴的鰈魚，搭配具有甜辣味道的民族風味醬料，成為讓人一吃上癮的最佳拍檔。蔬菜也請飽食一番！

鰈魚 的唐揚 (油炸)
民族風味醬料

材料 (2 人份)
鰈魚 (魚片)…2 大片
蒜頭 (切碎)…5g
鹽…1/2 小匙
胡椒…適量
太白粉…適量
民族風味醬料
┌ 甜辣醬 (Sweet Chili Sauce)…2 大匙
│ 檸檬汁…1 大匙
│ 醋…1 大匙
└ 魚露…1 大匙
炸油…適量
萵苣、水菜、香菜等…各適量

製作方法

1 將鰈魚依序撒上鹽、胡椒、蒜頭
　→太白粉。

2 在碗內混合「民族風味醬料」的
　材料。

3 將炸油 (2～3 大匙) 放入油炸鍋
　中，將步驟 1 的鰈魚炸烤得香氣
　四溢。

4 將萵苣及水菜等自己喜食的蔬菜
　盛在盤上，再盛上步驟 3 的鰈魚，
　並趁熱淋上步驟 2 的「民族風味
　醬料」。若有的話，點綴些檸檬
　汁 (材料之外) 亦可。

POINT 青甘鰺與番茄醬堪稱絕配！
加入黑橄欖與酸豆更可品嚐到真正的風味。

青甘鰺搭配番茄醬　添加黑橄欖

材料 (2 人份)

青甘鰺 (魚片)…2 大片
鹽、胡椒…各適量
蒜頭 (切碎)…5g
橄欖油…約 2 大匙
洋蔥…½ 顆
Passata Rustica 番 茄 泥
　(Tomato puree)…300g
白酒…約 2 大匙
胡椒…適量
黑橄欖…6 個
酸豆 (切粗碎)…1 小匙

製作方法

1 將鹽巴與胡椒輕撒些在青甘鰺上。

2 將橄欖油與蒜頭放入油炸鍋中點火爆香，香味出來後，將青甘鰺放入煎烤 (a)。青甘鰺在某種程度熟透的話就暫時先取出 (b)。

3 將洋蔥放入步驟2的油炸鍋中炒至透明為止 (c)。將 Passata Rustica、白酒、酸豆與黑橄欖一起放入鍋中熬煮數分鐘。

4 將步驟2的魚放回步驟3中 (d)，再煮約2分鐘。最後視味道，必要的話用鹽巴與胡椒調味。

MEMO

● 「Passata Rustica」是將完全成熟的番茄濾篩後製成的，較番茄泥來味道更為爽口濃郁，酸甜平衡剛好。具有可廣泛使用於番茄料理之優點。市面上有販售瓶裝的產品。

● 撒在青甘鰺上的鹽巴之增減，以兩面均沾有薄薄的鹽巴為準。

POINT 清爽可口的鯛魚搭配味道屬性最對味的百里香,更為濃郁芬芳。
可與醃泡過的蔬菜一起盛在器皿上享用。蔬菜依季節挑選自己喜歡吃的。

鯛魚 搭配蔬菜醃泡

材料 (2 人份)
鯛魚 (魚片)…2 大片
洋蔥…½ 顆
甜椒…¼ 個
櫛瓜…½ 條
百里香…2 枝
橄欖油…4 大匙
白酒醋…1 大匙
鹽、胡椒…各適量

製作方法
1 將鯛魚切成容易食用的大小。食鹽多撒些。胡椒撒下後與百里香一起醃泡。
2 洋蔥切絲,甜辣椒與櫛瓜切碎。
3 將橄欖油 1 大匙倒入油炸鍋,煎燒步驟 1 的鯛魚,由帶有魚皮的一方先煎,兩面都煎完後移至瓷盤。
4 將步驟 2 的蔬菜放入步驟 3 的油炸鍋中炒香 (a),在炒香的過程中放入百里香,輕撒些鹽與胡椒,將其餘的橄欖油與白酒醋一起加入。
5 將步驟 4 連汁一起盛放於步驟 3 的魚上冷卻,讓其邊入味邊沉澱下來 (b)。

MEMO

● 冷卻後,隨著味道沉澱入味將更為甘醇味美,但剛起鍋趁熱吃也可享受這道料理的美味。
● 櫛瓜可用胡蘿蔔 (切碎) 代替,味道也很可口。

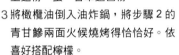鰺的香草麵包粉燒烤

材料 (2 人份)

青甘鰺 (魚片)…2 大片

鹽…適量

(※ 兩面各塗滿薄薄的一層)

胡椒…適量

麵粉…適量

蛋…1 顆

香草麵包粉

   ┌ 百里香、迷迭香切碎…各 2 枝分量

   └ 麵包粉…適量

橄欖油…2 大匙

製作方法

1 將青甘鰺抹上鹽巴與胡椒
  備用。香草切碎後與麵包
  粉混合成香草麵包粉備
  用。

2 將步驟 1 的青甘鰺依序塗
  上麵粉→蛋→香草麵包粉。

3 將橄欖油倒入油炸鍋,將步驟 2 的
  青甘鰺兩面火候燒烤得恰恰好。依
  喜好搭配檸檬。

香草麵包粉

POINT 只使用新鮮香草的麵包粉,就立即
成為一道芳香四溢的料理了。

POINT 香草芬芳的優雅味道老少咸宜,
頗受各年齡層喜愛。

鮭魚 的
Piccata 風味 ※
香草燒烤

材料 (2 人份)

生鮭魚 (魚片)…2 大片

鹽、胡椒…各適量

綜合香草 (或義大利芹菜切碎)…適量

麵粉…適量

蛋…1 顆

橄欖油…1 大匙～

檸檬、義大利芹菜…各適量

製作方法

1 將鮭魚輕輕撒上鹽巴與胡椒粉,並將綜合香草 (或
  義大利芹菜切碎) 兩面確實沾滿之後,依麵粉、打
  散的蛋順序塗抹上去。

2 在油炸鍋中將橄欖油加熱,燒
  烤步驟 1 的鮭魚雙面後盛到器
  皿上,依喜好搭配檸檬及義大
  利芹菜等。

香草依喜好添加。此
處為撒滿切碎的義大
利芹菜。

MEMO

● 一般魚類在處理的準備階段,食鹽的用量請調
  整為以魚體重量的 1% 為標準。魚體兩面各塗
  滿薄薄的一層＝每片以 $\frac{1}{8}$～$\frac{1}{6}$ 小匙為標準。

※:指調味帶有強烈刺激或尖銳的味覺)

⟨4⟩

魚類 × 蔬菜大快朵頤！
貪得無厭、多多益善
的健康食譜

POINT 烏賊與蝦子的鮮甜味道、豐富多樣蔬菜的口感，
搭配又甜又酸又辣的醬料，好吃到讓人一吃就一口接著一口停不下來。
在炎熱的季節裡當然要品嚐一番，在涼爽的氣候也不能錯過。

烏賊 與 蝦子 搭配豐富多樣的蔬菜
民族風味沙拉

材料 (2 人份)

烏賊 (身體)…1 隻

蝦子 (去頭、帶殼)…6 尾

洋蔥 (紅洋蔥，若有的話)…¼ 顆

白蘿蔔…¹⁄₁₀ 條

胡蘿蔔…⅕ 條

胡瓜…½ 條

民族風味醬料

- 甜辣醬…2 大匙
- 魚露…2 大匙
- 檸檬汁…2 又 ½ 大匙
- 蒜頭…0.25g
- 芫荽的根頭部分…1 根

製作方法

1 將蝦子剝殼，去腸泥，用太白粉 (材料之外) 搓揉去污，再以流水洗淨並擦乾水分後迅速汆燙一下 (P.53)。將已經處理過的烏賊身體 (P.32) 對切後再細切成素麵狀，之後再迅速汆燙。

2 製作「民族風味醬料」(a)。將蒜頭切成圓輪狀，並將芫荽的根頭部分切碎後一起磨碎 (或用菜刀切細碎)，將剩下的調味料混合。

3 洋蔥切絲，並分別將白蘿蔔、胡蘿蔔及胡瓜切碎後冷水冰鎮，讓外形亮麗，之後將水瀝掉備用。

4 將步驟 1 的蝦子與烏賊、步驟 3 的蔬菜混合均勻後淋上調味汁 (b)。盛到盤子上，若有的話，用芫荽的葉子點綴。

MEMO

● 若再加上鯛魚等白肉魚的生魚片及切絲的章魚，將更令人食指大動。

● 依喜好，建議最後再撒上切碎的花生。

● 芫荽 (香菜) 的根部分味道也很芳香美味，因此可切細運用於料理中。

鮭魚 井然有序的燒烤風味

材料 (2～3 人份)

生鮭魚 (魚片)…2 大片
高麗菜…3～4 片
洋蔥…1 顆
胡蘿蔔…½ 條
長蔥…1 根
鴻喜菇…1 包

井然有序的燒烤調味醬汁
┌ 味噌、酒、味醂…各 2 大匙
└ 醬油…2 小匙

製作方法

1 洋蔥、胡蘿蔔及長蔥分別切絲成容易食用
的大小形狀。高麗菜用手撕碎 (a)。將鴻
喜菇根底部硬的部分摘掉，再逐朵分開。

2 於碗中將「井然有序的燒烤調味醬汁」混
合在一起備用。

3 將烘焙紙鋪在烤盤上，再將撕碎的高麗菜
放在上面，在烘焙紙的下面注入約 50 ㎖
的水 (材料之外)(b)。接著將洋蔥、胡蘿
蔔的鮭魚片放在上面，將步驟 2 的醬汁淋
到整個食材上面 (c)。

4 蓋上烘焙紙 (d)，並將鍋蓋蓋上 (e)。用中
火蒸烤 7～8 分鐘 (鍋底的水全部消失的
話適量加些水)。大致上加熱時拿起鍋蓋
水分會輕微飛濺，再加熱 2 分鐘左右，火
一直開著到最後 (f) 起鍋盛在器皿上。

MEMO

- 依所使用的味噌，食鹽的增減會有
所不同，請依喜好調整。

- 高麗菜建議用手撕碎。葉菜類不喜
刀具類的金屬氣味，用手撕碎會比
較好吃。此外，味道也容易入味。

POINT 使用充滿鮮美味道的XO醬辣炒烏賊加上色彩繽紛的蔬菜，
製作成一道色香味俱全的奢華料理。與白肉魚及蝦子等淺白色的海鮮相當對味。

烏賊 辣炒鮮豔蔬菜

材料 (2 人份)
烏賊…1～2 隻
甜椒 (紅、黃)
　…合起來 1/2 個
綠花椰菜…1/2～1/3 顆
芝麻油…1 大匙
XO 醬…1 大匙
酒…2 大匙
醬油…1 大匙
鹽…約 1/8 小匙

製作方法

1　做好烏賊的食用前處理 (P.32) 後備用。去除
　　足尖後切成容易食用的大小形狀。

2　甜椒隨意切，綠花椰菜則分成小朵形狀，為
　　使稍硬點，加鹽煮過 (鹽為分量外) 備用。

3　將芝麻油與 XO 醬放入油炸鍋中點火輕炒，
　　香味出來後，加入步驟 1 再快炒一下。加些
　　酒炒過後將步驟 2 的甜椒也放入一起合炒。

4　材料全體以大火炒過後，放入綠花椰菜後快
　　炒。最後用醬油及鹽巴調味即完成。

XO 醬的「XO」是由白蘭地的
「XO」而來。意思是最高級
的調味料。內含海扇貝柱及乾
蝦米等乾貨加上辣味，為充滿
鮮美味道的奢華調味料。

MEMO

● 請依喜好調整調味料的分量。

新鮮的蝦仁快炒香脆可口的豌豆，簡單的爆炒。
確實地進行食用前處理，發揮食材的口感乃是美味的祕訣。

蝦仁 快炒豌豆

材料 (2 人份)
蝦子 (去頭、帶殼)…10 尾
太白粉…適量
豌豆…150g
生薑 (切碎)…10g
蒜頭 (切碎)…10g
酒…1 大匙
芝麻油…1 大匙
鹽…¼ 小匙
胡椒…適量

製作方法

1 將蝦子剝殼進行食用前處理 (參閱下文)，撒上少許的酒 (材料之外) 後備用。

2 將豌豆邊緣兩側的筋絲撕除，為使稍硬點，用鹽水煮過 (鹽為材料之外)。

3 將芝麻油、生薑及蒜頭放入油炸鍋之後點火爆香，在香味未出來前請勿炒焦。

4 將步驟 1 放入步驟 3 中炒，加熱後將步驟 2 加入，以大火快炒，最後以鹽及胡椒調整味道。

蝦子的食用前處理

若將會造成發臭的腸泥去除，進行食用前處理的話，料理的味道也會升級。口感也會變滑順。蝦子使用去頭帶殼料理。

POINT
不需用刀子切入，用牙籤也可將腸泥挑出。

1 將殼剝掉，用刀子切入，取出腸泥。

2 搓揉太白粉。加入少許的鹽巴可增加彈牙感。

3 用流水洗淨至水清澈為止。

4 用紙巾確實擦乾水分。

5 食用前處理完畢。除去髒臭的樣子。

POINT

蔬菜豐富多樣、營養也足夠的甜醋勾芡，飽足感滿分！
除了鰈魚外，用其他白肉魚類料理的話，美味也不遑多讓。

鰈魚 淋上豐富多樣的蔬菜與甜醋勾芡

材料 (2 人份)
鰈魚 (魚片)…2 大塊
鹽、胡椒…各適量
太白粉…適量
芝麻油…2 大匙

豐富多樣的蔬菜與甜醋勾芡
胡蘿蔔…¼ 條（50g）
豆芽菜…50g
香菇…2 朵
A 高湯…200 ㎖
醬油、味醂、酒…各 1 大匙
鹽…⅛ 小匙
醋…1 又⅓ 大匙
水溶性太白粉…適量

製作方法
1 將鰈魚輕輕撒些鹽與胡椒，並全部沾上太白粉。
2 將芝麻油放入油炸鍋中點火，燒烤步驟 1 的鰈魚雙面。
3 製作「豐富多樣的蔬菜與甜醋勾芡」。胡蘿蔔削皮切細。豆芽菜洗淨濾掉水分。香菇用餐巾紙擦去污垢，將根部硬的部分切掉後切絲。
4 將 A 與步驟 3 的蔬菜類放入燉煮，蔬菜煮熟後加醋，用水溶性太白粉勾芡，使湯汁變成濃稠狀。
5 將步驟 2 的調味盛入深鍋中，淋上熱騰騰的步驟 4 勾芡。

MEMO

● 除了調味外，推薦鯛魚、鱈魚及鱸魚等淺淡味道之魚類。

POINT 以高湯為基礎製成極具風味的豐盛勾芡，再以蛋白裝飾成輕飄飄的淡雪。

蝦仁搭配綠花椰菜的淡雪勾芡

材料 (2 人份)
蝦子 (去頭、帶殼)…6 尾
太白粉…適量
綠花椰菜
　…½〜¼ 朵 (150g)
鹽…適量
淡雪勾芡
┌ 高湯…200 ㎖
│ 醬油…1 小匙
│ 鹽…¼ 小匙
│ 酒…1 大匙
│ 蛋白…1 顆
└ 水溶性太白粉…適量

製作方法
1 蝦子進行食用前處理 (P.53)，撒上少許的酒 (材料之外)，用油炸鍋將酒精蒸發掉。
2 綠花椰菜逐朵分開後用鹽水煮過。
3 製作「淡雪勾芡」。將高湯、醬油、鹽、酒等放入鍋中加熱，沸騰後轉小火，將蛋白極為細長地慢慢流入。最後以水溶性太白粉進行勾芡，使湯汁變成濃稠狀。
4 將步驟 1 的蝦子與步驟 2 的綠花椰菜盛在盤子上，將熱騰騰的步驟 3 淡雪勾芡淋上去。

5

搶先嚐鮮！

家常必吃☆質樸美味

魚類料理

POINT 肥滿的青甘鰺照燒是一道頗受喜好、家常必吃的食譜。
與米飯熱呼呼地一起享用的話,可體會到充滿幸福的感覺!

家常必吃!青甘鰺的照燒

材料 (2 人份)
青甘鰺 (魚片)⋯2 大片
鹽⋯適量
照燒調味醬汁
┌ 醬油⋯50 ㎖
│ 酒⋯40 ㎖
│ 味醂⋯1 大匙
└ 砂糖⋯1 又 ½ 大匙

製作方法
1 將「照燒調味醬汁」混合。
2 撒些鹽在青甘鰺上 (a),放置 30 分鐘後將水分擦
　乾 (b,c)。
3 用油炸鍋燒烤步驟 2 的青甘鰺雙面。烤熟後淋上
　醬汁,邊熬煮收汁,邊將醬汁均勻地澆在魚肉上
　(d)。

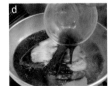

MEMO

● 若買進來後不急著燒烤時 (以 2 日為標準),
　可將酒的分量倍增,調整醬汁的味道。此外,
　在此狀態下,用包裝紙緊密包覆著,再蓋上
　鍋蓋,阻絕空氣,可冷凍保存約 2 週。

POINT 整條秋刀魚連魚骨都可吃下去,很適合於當家常菜。令人安心的一種煮魚方式。
使用壓力鍋的話,在很短的時間內就可煮好,而用鍋子慢慢煮也OK。

梅汁 秋刀魚

材料 (4 人份)

秋刀魚…4 條

煮梅汁

- 酒…150 ㎖
- 醬油…60 ㎖
- 砂糖…30g
- 水…250 ㎖
- 梅干…1 個
- 生薑 (切細絲)…10g

製作方法

1 將秋刀魚的頭去掉後,將魚體切成 6 ～ 7 等分大塊,去除內臟後用
　水洗後再用餐巾紙擦乾。

2 將煮汁的材料放入壓力鍋或鍋子中加熱。

3 煮沸後,將步驟 1 的秋刀魚放入,煮至魚體變柔軟為止。

用壓力鍋煮時 施加高壓後,約加壓 15 分～ 20 分後熄火,放置至壓
力下降。

用鍋子煮時 以小火慢慢地熬煮 2 ～ 3 小時。水分若收乾了,記得適
當補充。

MEMO

● 使用壓力鍋時,壓力的強度依鍋子不同而有所差
異,請調整加壓時間。

POINT 秋刀魚淋上含有蜂蜜的甜辣醬汁燒烤，顏色光澤亮麗。
在淋上醬汁之前再稍費一點工夫使異味消失的話，將會更加美味可口。

秋刀魚的蒲燒風味

材料 (2 人份)
秋刀魚…2 條
麵粉…適量
太白芝麻油…1 大匙
蒲燒風味的調味醬汁
- 醬油…1 大匙
- 味醂…2 小匙
- 蜂蜜…1 小匙
- 酒…2 大匙

製作方法

1 請參考竹莢魚裁切成三片的方式 (P.23)，將秋刀魚裁切成三片，長度對半切後沾上麵粉。

2 將「蒲燒風味的調味醬汁」的材料混合均勻備用。

3 將太白芝麻油在油炸鍋中加熱，將步驟 1 的秋刀魚體朝下放入鍋中。燒烤約 2 分鐘，魚體的部分烤得恰恰好時翻面，帶有魚皮的一面也需燒烤 (a)。

4 用餐巾紙將鍋內殘餘的油輕輕擦拭乾淨之後 (b)，放入步驟 2 的醬汁 (c)，邊旋轉鍋子邊使味道滲入 (d)。

MEMO
● 秋刀魚裁切成三片若有困難時，可拜託魚店處理就會輕鬆許多。

非常受到大家所喜愛的人氣菜單。
將青甘鰺的魚雜「霜降」，以及白蘿蔔煮至半熟
等，食用前處理魚雜得宜的話美味倍增。

燉煮的食物在冷卻的過程
會入味。不需要過於入
味。白蘿蔔軟了就熄火，
讓其冷卻入味，就不會煮
爛，外形會很漂亮。

青甘鰺煮白蘿蔔

材料 (2 人份)

青甘鰺 (魚雜、魚下巴)
　…1 包 (約 400g)

白蘿蔔…1/2 條

淘米水…適量

青甘鰺煮白蘿蔔
┌　┌ 酒…200㎖
│ A 醬油…100㎖
│　└ 砂糖…50g
│ 水…約 600㎖
└ 生薑 (切細絲)…10g

製作方法

1 白蘿蔔切成 3 ㎝厚，皮削厚點後將尖角刨圓。在其中一面用刀子劃上 5 ㎜ 的十字
刀痕後放入鍋中。將淘米水注入鍋中蓋過白蘿蔔後加熱，沸騰之後約 10 分鐘成半
熟狀態。淘米水的米糠用流水洗後放在籮筐中瀝乾。

2 青甘鰺的魚雜及下巴用熱開水汆燙 10 秒後使成為「霜降 (表面變白色)」，表面顏
色改變後，移至鋪有餐巾紙的籮筐上瀝乾，除去水分。

3 將步驟 1 的白蘿蔔、步驟 2 的青甘鰺及 A 的調味料全部放入鍋中，加水至蓋過食材。
最後加入生薑，蓋上比鍋口還小的蓋子 (烘焙紙亦可)，以中火燉煮。

4 沸騰後轉小火，白蘿蔔需 40 ～ 60 分鐘完全變軟後熄火，放置冷卻。食用前再加熱
後盛至盤上。

MEMO

● 白蘿蔔煮至半熟後可除去辛辣味，味道變美。掏米水也可改用一大匙的米加水，與白蘿蔔一起煮至半熟亦可。

● 魚雜及魚下巴的骨頭部分會產生出美味的高湯。可能話，請用魚雜及魚下巴，不要使用魚片。

● 魚雜可預先用熱水汆燙呈現「霜降」，可除去腥味及污垢。使用魚片時，將魚片並列在鋪有餐巾紙的籮筐上，
淋上沸騰的水使成「霜降」。

POINT

味噌的香味可促進食慾，是一道家常必吃的煮魚食譜。
魚煮熟後最後加入味噌，加熱時間短的話，就可品嚐到芳香的風味。

鯖魚 煮味噌湯

材料 (2 人份)
鯖魚 (魚片)…2 大片
鹽…½ 小匙

汁煮味噌鯖魚

A
- 醬油…1 大匙
- 砂糖…2 大匙
- 味醂…1 又 ½ 大匙
- 酒…50 ㎖
- 水…200 ㎖
- 生薑 (切細碎)
  …1 又 ½
- 味噌…3 大匙

製作方法

1 為使魚片容易熟透，在魚體上紋切，並輕輕地撒上鹽巴。約
30 分鐘後，將出水用餐巾紙擦乾。

2 將汁煮的 A 材料在鍋中全部混合拌勻後加熱，煮沸後，將帶
有魚皮的一面朝上放入，以中小火煮 10 分鐘左右。

3 從鍋中取出煮汁的一部分，溶入味噌後倒回鍋中。邊將煮汁澆
在鯖魚上邊敖乾煮汁，使魚肉顏色呈現光澤亮麗。

MEMO

● 鯖魚若是新鮮的話，省略步驟 1 的撒鹽巴亦無妨。

POINT 簡單嫩煎的竹莢魚，淋上高湯芳香的甜醋勾芡，讓人深度品嚐了這道佳餚美味！
百吃不厭的美味是其魅力所在。

日本竹莢魚淋甜醋勾芡

材料 (2 ～ 3 人份)

日本竹莢魚…2 尾
鹽…少許
太白粉…適量
芝麻油…約 1 大匙

甜醋勾芡

A
┌ 高湯…100 ㎖
│ 酒…2 大匙
│ 味醂…1 又 ½ 大匙
│ 醬油…1 大匙
└ 鹽…⅛ 小匙
醋…1 大匙
水溶性太白粉…適量
青蔥 (切珠)…適量

製作方法

1 將竹莢魚的盾鱗（棘狀硬鱗部分）切除後裁切成
  3 片（P.23）。

2 將步驟 1 的竹莢魚輕輕灑上鹽巴，靜置 20 ～ 30
  分鐘後，將出水擦乾（除去腥臭味）。

3 在油炸鍋中將芝麻油加熱，將步驟 2 的竹莢魚沾
  滿太白粉後，從帶皮的一面開始燒烤，兩面都烤
  到香氣四溢後盛到盤子上。

4 製作「甜醋勾芡」。將 A 倒入鍋中煮沸，最後
  加入醋後用水溶性太白粉勾芡，使成濃稠狀。

5 將步驟 4 的「甜醋勾芡」淋到步驟 3 的竹莢魚上，
  最後用青蔥點綴。

 只用油炸鍋就可輕鬆、迅速地煮出這道料理！
使煮汁稍濃稠一點，就可在短時間內煮出柔嫩的珍饌美味。

 鰈魚 的燉煮

材料 (2 人份)
鰈魚 (魚片)
　…2 大片

鰈魚煮湯
┌ 酒…100㎖
│ 醬油…50㎖
│ 砂糖…20g
│ 味醂…2 小匙
└ 水…250㎖
生薑…10g

製作方法

1 將「鰈魚煮湯」的材料全部混合放入鍋中，
　並將生薑削皮切成細碎片後加入，開火加
　熱。

2 煮沸後加入鰈魚。用烘焙紙等當鍋蓋蓋上，
　以大中火煮 5 ～ 6 分鐘後取下鍋蓋，將煮汁
　澆到魚肉上，使魚肉顏色顯得光澤亮麗。

生薑的皮建議用湯匙剝下，
凹凸的部分也可用湯匙剝
下皮，不會浪費掉。

MEMO

● 煮的時候，火候的增減以中火程度為準。火太強的話魚肉會碎掉，
　此外，在起鍋前要將煮汁熬乾。在魚肉煮熟前，湯汁就熬乾時，
　請稍微加一點水。

6

「在家小酌」
也非常適合！
可迅速上菜的
魚貝類下酒菜

POINT　香蒜 (Ajillo) 是西班牙的下酒菜，為飯前小菜 (tapas) 必點的菜單。由於油會產生出芳香美味，推薦可沾麵包吃。

章魚 搭配色彩鮮艷的甜椒爆香蒜

材料 (2 人份)
汆燙過的章魚…100g
甜椒 (紅、黃)
　…合起來½ 個
鯷魚 (魚片)…1 片
橄欖…8 個
蒜頭…10g
橄欖油…150㎖
鹽…¼ 小匙
胡椒…適量 (依喜好)

製作方法
1 章魚用熱開水迅速汆燙，將水分擦乾後切成容易食用的大小形狀。甜椒對半切過，將蒂頭與籽去除後切成容易食用的大小形狀。蒜頭對半切，去芽後用刀腹拍碎備用。
2 將步驟 1 鯷魚、橄欖、鹽及胡椒放入鍋中，倒入橄欖油點火加熱。
3 待煮沸後，轉小火煮約 15 分鐘。

倒入足夠的橄欖油，以小火慢慢熬煮的「油煮」。溶入美味的橄欖油也請一併享用。

 POINT 剛起鍋的烤竹莢魚澆入多樣香味蔬菜的醬汁，令人食慾大增。
添加多樣的蔬菜，製作成沙拉樣式。

日本竹莢魚的香味醬汁

材料 (2 人份)
竹莢魚…2 尾
鹽、胡椒…各少許
太白粉…適量
芝麻油…約 2 大匙
香味醬汁
醋、醬油、酒…各 2 大匙
生薑 (磨碎)…1 小匙
蒜頭 (磨碎)…5g
長蔥 (切細)…1/8 根
水菜…依喜好的量
長蔥 (切細)…1/8 根

製作方法

1 將竹莢魚裁切成 2 片 (P.25)，輕輕撒上
鹽與胡椒，再沾上太白粉 (a)。

2 於碗中，將「香味醬汁」的材料混合後
備用。

3 將水菜切成容易食用的長度，盛於器皿
中備用。

4 於油炸鍋中，將芝麻油加熱，將步驟 1
放入烤炸 (b・c)，之後盛於步驟 3 的水
菜之上。

5 將步驟 2 的香味醬汁倒入步驟 4 的油炸
鍋中加熱，一煮沸後就淋至剛烤炸好的
竹莢魚上，最後用切碎的長蔥點綴。

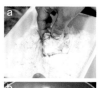

 嫩煎多汁的鯖魚，放入鮮美高湯的醃漬汁中浸滷。
添加蔥的甜味，讓深層的美味更具魅力。

鯖魚 的燒烤浸滷

材料 (2 人份)

鯖魚 (裁切成 2 片)
　…一半的魚體
鹽…少許
麵粉…適量
浸滷汁
┌ 高湯…300 ㎖
│ 醬油…1 大匙
│ 酒…1 大匙
│ 味醂…1 小匙
│ 砂糖…1 小匙
└ 鹽…多於 1/8 小匙
長蔥…1/2 根
太白芝麻油…2 大匙
切成細絲的蔥白…適量

製作方法

1 將鯖魚切成容易食用的大小形狀。為使魚片容易
熟透，在有魚皮的一面紋切後撒上鹽巴，並塗抹
麵粉。長蔥切成 3 ㎝長度。

2 將「浸滷汁」的材料混合後放入鍋中，加熱煮沸
後就熄火。

3 將太白芝麻油放入油炸鍋中加熱，將步驟 1 的鯖
魚有魚皮的一面朝下並列放入，以中火燒烤約 3
分鐘。當烤得恰恰好時，再翻過來燒烤另一面，
以中火燒烤 3 ～ 4 分鐘，使整片都熟透。將步驟
1 的長蔥也放入油炸鍋中烤到顏色恰好。

4 步驟 3 的鯖魚與長蔥烤好後，趁熱浸入步驟 2 中，
冷卻後盛上盤子，再用切成細絲的蔥白點綴。

 POINT 心血來潮就可馬上動手製作的簡單焗烤風味菜單。
不需白醋，只要用切碎的起司拌酒和牛奶拌勻後再盛上去即 OK。

蝦仁 搭配馬鈴薯起司醬焗烤

材料 (2 人份)
蝦子…(去頭、帶殼)…4 尾
馬鈴薯…中 2 個

起司醬

起司 (可溶解形態)
　…100g
白酒…2 大匙
牛奶…2 大匙
鹽…1 撮
胡椒…適量

製作方法

1　將馬鈴薯削皮，切成薄片後排列在耐熱容器上。

2　蝦子剝殼，進行食用前處理 (P.53)。

3　在碗中混合「起司醬」的材料備用 (a)。

4　將步驟 2 的蝦子放在步驟 1 的上面，淋上步驟 3 的起司醬 (b‧c)，
　　放入餘熱至 180℃的烤箱中，烤至適中約需 20 分鐘。

 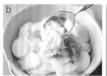 

MEMO

● 在這裡所使用的馬鈴薯，推薦男爵薯 (原品種為愛爾蘭薯 Irish cobbler)
　及 Kitaakari 薯。

● 起司方面，建議用切達起司 (Cheddar) 等自然的起司磨碎。

 POINT 將普通的秋刀魚鹽燒改成西式燒烤。
香草依喜好添加，飄出香味的橄欖油聞起來非常美味。

秋刀魚的香草燒烤

材料 (2 人份)

秋刀魚…2 尾
鹽、胡椒…各適量
蒜頭…10g
百里香、義大利芹菜等…各 2 枝
迷迭香…1 枝
橄欖油…3 大匙

製作方法

1 秋刀魚長度切對半，取出內臟後用流水清洗乾淨後將水分擦乾。
　蒜頭對半切，用刀腹拍碎備用。

2 將步驟 1 的秋刀魚抹上鹽與胡椒；摘下香草類的葉子切碎後撒在
　上面。

3 將步驟 2 放入耐熱器皿上，並將 1 的蒜頭放在秋刀魚的上面，再
　由上面淋上橄欖油。

4 將步驟 3 放入可加熱至 180℃的烤箱，以 20 ～ 25 分鐘可以烤得
　恰好適中。

MEMO

● 鹽的分量請依喜好調整。鹽燒時憑感覺撒下去就 OK。

 POINT　剛剛起鍋的春捲吃起來特別香脆可口，這種奢華的享受，
只有在家裡製作才能享有這種特權。使用於日常或宴客料理都很適合。

蝦仁 春捲

材料 (春捲 4 捲)

蝦子…(去頭、帶殼)…75g

韭菜…½ 束

香菇…約 40g

竹筍 (水煮)…40g

芝麻油…1 大匙

A

太白粉…¾ 大匙

紹興酒 (或酒)…½ 大匙

鹽…少於⅛ 小匙

醬油…少於 1 小匙

B

紹興酒 (或酒)…1 小匙

鹽…少於⅛ 小匙

醬油…少於½ 小匙

春捲皮…4 張

水溶性麵粉…適量

炸油…適量

製作方法

1 將蝦子的殼剝下，進行食用前處理 (P.53)。與 A 一
　起放入食物調理機攪拌成膏狀備用。

2 將韭菜切成 1 ㎝長。香菇用沾濕的餐巾紙將表面污
　垢擦拭乾淨後切絲。竹筍切成 5㎜×5㎜的塊粒狀。

3 將芝麻油在油炸鍋中加熱，香炒步驟 2 的蔬菜後用
　B 調味，之後移到盤子上冷卻至手可碰觸之溫度
　(a)。

4 將步驟 1 的蝦仁與步驟 3 混合均勻 (b)，再用春捲
　皮捲起來 (c)。捲完後用水溶性麵粉固定。

5 放在鍋中油炸，將步驟 4 的春捲炸得香氣四溢。

a

b

c

MEMO

● 蝦子連殼一起料理的話，製作出來的口感及
　風味都令人驚豔。

● 依喜好可以加入磨碎的生薑半匙的分量增添
　風味。

🐟 POINT　鮪魚 × 起司的簡單搭配，與帶有一點點咖哩風味的 2 種春捲。
將表面炸得硬硬脆脆的，香脆可口請享用。

鮪魚 與起司的春捲口味

材料（春捲 4 捲）
鮪魚（生魚片用的塊狀）…60g
起司（可溶解形態）…60g
春捲皮…4 張
咖哩粉…½ 小匙
水溶性麵粉…適量
橄欖油（炸油）…適量
香芹…適量

製作方法

1 鮪魚切成條狀，輕輕撒上鹽巴（材料之外）後，用紙巾將水分擦乾，將其中一半撒上咖哩粉 (a)。

2 將起司切成條狀。

3 將步驟 1 與步驟 2 各自分出一半的量，以春捲皮分別各自捲成 2 捲：① 咖哩粉風味的鮪魚＋起司；② 鮪魚（無味的）＋起司的 2 種風味春捲。捲完後用水溶性麵粉固定 (b・c)。

4 用熱至 180℃ 的橄欖油將步驟 3 油炸到表面硬硬脆脆的 (d)。

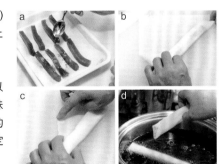

MEMO

● 鰹魚（生魚片用的塊狀魚肉）也可依樣製作。

● 春捲為不需再處理的食材，可直接食用，因此將表面油炸到硬脆即可。

 沙丁魚與梅干的黃金組合。再加上青紫蘇的話，風味更勝一籌。
剛起鍋的梅捲就不用說了，即使稍微冷掉仍然非常好吃。

沙丁魚油炸梅捲

材料 (2 人份)
沙丁魚…2 尾
蛋…1 顆
水…80 ㎖
麵粉…適量
青紫蘇…4 葉
梅干…1 ～ 2 個
炸油…適量

製作方法

1 用手剝開沙丁魚，剝成 3 片 (P.19)。

2 將每葉青紫蘇 (大葉) 對半切開。取出梅干的梅核，拍一拍果肉後備用。
   將步驟 2 的青紫蘇與梅干放在步驟 1 上面並捲起來 (a)，用牙籤固定

3 (b‧c)。

4 將蛋打破放入碗中，加些水充分攪拌後加入麵粉，調整至與天婦羅麵衣
   一般的濃度。

5 將步驟 4 的麵衣裹在步驟 3 上，以中火油炸。

MEMO

● 與小甜椒等蔬菜一起素炸 (不裹麵粉) 做成拼盤也會讓人垂涎欲滴！

● 避免將沙丁魚油炸過頭，若製成多汁的料理將會是一道美味佳餚。

POINT 毛豆與蝦仁的配色出色極了，而毛豆的口感才是重點。
雖然冷掉了，但味道仍然好吃，在家裡製作，為年節料理的一項，十分受到歡迎。

酥炸毛豆 蝦球

材料 (2 人份)

蝦子 (蝦仁)…150g

A

　蛋白…1 個
　太白粉…1 又½ 大匙
　鹽…¼ 小匙
　醬油…1 小匙
　酒…1 大匙

毛豆…3 大匙 (毛豆仁)

鹽…適量

炸油…適量

製作方法

1 將蝦子 (去頭、帶殼) 的殼剝下後進行食用前處理 (P.53)。

2 毛豆在放有鹽巴的熱開水中煮過後，用篩網撈起，撒上鹽巴後將毛豆仁取出備用。

3 將步驟 1 的蝦仁與 A 合在一起，放入食物調理機攪拌成磨碎狀。

4 將步驟 2 的毛豆加入步驟 3 中混合，製成一口大小的丸子，再用油炸。

MEMO

● 欲將蝦子磨碎時，若無食物調理機，可用刀腹拍碎蝦仁後再放入研磨缽中研磨，最後將 A 加入後製成即可。

 POINT

油炸入味的鰹魚，香脆可口！
也可用來當下酒佳餚，或做為配飯、便當盒餐的佐菜。

鰹魚 的唐揚 (油炸)

材料 (2 人份)
鰹魚 (生魚片用)…150g 左右
A
  ┌ 酒…1 大匙
  │ 醬油…1 大匙
  │ 鹽…少於¼ 小匙
  │ 胡椒…適量
  └ 蒜頭 (磨碎)…5g

太白粉…適量
炸油…適量
檸檬、香芹等…依喜好

製作方法
1 鰹魚切成容易食用的大小形狀。
2 將步驟 1 的鰹魚與 A 放入碗中混合，
  使鰹魚入味。
3 將步驟 2 的鰹魚裹上太白粉，以 180℃
  的油炸得酥脆可口。依喜好添加檸檬
  及香芹。

 POINT 香味洋溢的蔬菜與醃漬調味醬汁搭配肥美的鯖魚，堪稱最佳組合！
以少量的油燒烤，善後的整理也相當輕鬆。

鯖魚 的龍田燒

材料 (2 人份)
鯖魚 (魚片)⋯2 大片

A
- 醬油⋯2 大匙
- 味醂⋯2 大匙
- 酒⋯2 大匙
- 生薑 (磨碎)⋯1 小匙
- 蒜頭 (磨碎)⋯5g

太白粉、炸油 (太白芝麻油)⋯各適量
青紫蘇、檸檬等⋯依喜好

製作方法

1 鯖魚切成容易食用的大小形狀，為使魚片容易熟透，在有魚皮的
　一面紋切。

2 在碗中混合 A 的材料，醃漬步驟 1 的鯖魚 30 分鐘以上備用。

3 取出步驟 2 的鯖魚，將水分輕輕擦乾，並裹上太白粉。

4 將炸油倒入鍋中後點火，將步驟 3 的鯖魚油炸得芳香四溢。盛在
　盤子上，添加青紫蘇及檸檬。

MEMO

● 加上檸檬及酸橘更添美味。

 POINT 只要將自製的味噌醋淋在鮪魚上，美味度就瞬間升級。
味噌醋也有利於保存，若有空可預先製作起來備用，非常方便。

鮪魚 淋味噌醋

材料 (2 人份)
鮪魚 (紅肉)…100g
海帶芽 (回復原狀)…50g
獨活…½ 根
長蔥…1 根

味噌醋
┌ 味噌…60g
│ 味醂、酒、砂糖…各 1 大匙
└ 醋…2 大匙

製作方法

1 將獨活切成容易食用的長度，之後切絲泡醋水 (材料之外)，消除澀味後將水分擦乾。將海帶芽的水瀝乾。長蔥用熱水燙一下後切成容易食用的長度。鮪魚切成大塊。

2 製作「味噌醋」。將味噌、味醂、酒及砂糖放入鍋中，邊拌勻邊煮。當酒精成分揮發掉，色澤變亮麗後熄火冷卻至手可碰觸之溫度，加入醋混合拌勻。

3 將步驟 1 所準備的材料盛於器皿上，淋上步驟 2 的「味噌醋」。

只需用昆布夾著生魚片，就可產生出令人齒頰留香的美味，真教人感動！
每次製作之前都要先感恩前人的智慧。用昆布包裹的狀態下可冷凍保存。

鯛魚 昆布捲

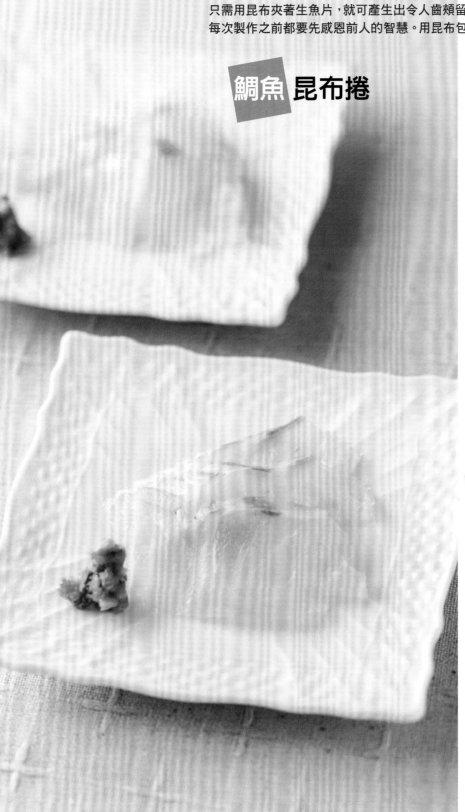

材料（容易製作的分量）
鯛魚（生魚片用塊狀）
　…1塊
昆布（日本利尻生產）…適量
柚子胡椒（或芥末）…依喜好

製作方法
1 用昆布夾著鯛魚捲起來備用。
2 將步驟1放入冰箱的冰溫室中，靜置1～2日後，解開昆布，將鯛魚切成薄片盛在器皿上。依自己喜好添加柚子胡椒（或芥末）。

MEMO

● 起初昆布堅硬難以捲起時，可用酒以噴霧方式噴灑，稍柔軟後就可使用，容易料理。

● 鯛魚捲在昆布內的時間依自己喜好增減。喜歡清淡的話，放置2個小時就可享用。

● 昆布在捲起來的狀態下，亦可用包裝紙包覆起來冷凍保存。

POINT 竹莢魚搭配多樣的藥味蔬菜、味噌及醬油等發酵調味料等多重美味，令人垂涎欲滴。

不論是"好吃到連盤子都舔的料理"或做成圓形燒烤的"山河燒"料理，兩者的美味都難分軒輊。

日本竹莢魚的『舔盤風』
（入門）

材料 (1～2 人份)

本竹莢魚的 (裁切成 3 片，將魚皮剝去)…約 150 g

青紫蘇 (切成粗細)…2 葉

長蔥 (切碎)…⅓ 根 (約 20 g)

生薑 (切碎)…1 小匙

味噌…1 大匙

白芝麻…1 小匙

醬油…1 小匙

製作方法

1 將竹莢魚裁切成 3 片，剝去魚皮 (→ P.23)。

2 將青紫蘇、長蔥及生薑等藥味類全切碎。

3 將步驟 1 的竹莢魚切成細塊 (a) 後，將味噌與步驟 2 的藥物類放在上面 (b)，用菜刀拍打到產生黏性 (c)。在拍打過程中，數次用菜刀抄堆成一塊 (d・e)，仔細拍遍。

4 將步驟 3 加以整理後盛放在鋪有青紫蘇(材料之外)的盤子上。

MEMO

● 由於想要做成下酒菜，口味就稍重了一點。味噌的量請依自己喜好增減。並推薦在最後撒上白芝麻即可。

● 將這些材料做成圓形狀，就成為『山河燒』。

日本竹莢魚的『山河燒』
（進階）

材料 (2 人份)

日本竹莢魚的『舔盤風』材料…全部

青紫蘇…2 葉

太白芝麻油…2 小匙

製作方法

1 將「竹莢魚的舔盤風」材料全部用菜刀拍打到生出黏性後，分成 2 等份，並做成橢圓形，在表面貼上青紫蘇。

2 將太白芝麻油放入油炸鍋中加熱，將步驟 1 的兩面都燒烤得恰恰好。

MEMO

● 用菜刀拍打材料到生出黏性，利用這種方式製成的山河燒香脆多汁。

青紫蘇依喜好添加。若貼上去的話，色彩鮮豔，更增添幾分美味。

 沙丁魚丸料多味美又紮實，魚丸雖小但吃起來有飽足感。
香氣四溢的麵衣，吃起來的口感也讓人感到快樂無比。

沙丁魚丸麵衣炸

材料(2 人份)
沙丁魚…2 尾
A
┌ 太白粉…10g
│ 蛋白…½ 個
│ 酒…1 大匙
│ 醬油…1 小匙
└ 鹽…約 1 撮
細麵…⅓ 束 (10g)
炸油…適量

製作方法
1 用手剝開沙丁魚裁切成 3 片 (P.19)，與 A 一起放入食物調理機攪拌，製成魚漿狀。
2 細麵用手折成 5mm ～ 1cm 的長度 (a)。
3 將步驟 1 揉成容易食用的大小形狀 (b)，塗上步驟 2 的細麵 (c)。
4 將步驟 3 放入熱至 180℃的炸油中油炸 (d)，炸到呈金黃色 (e)。

MEMO
- 此料理的炸油用量要能使食材在油中浮起。
- 炸好後放入器皿中淋上薄泥狀的勾芡也很好吃。這種勾芡是以薄味的高湯 (用水溶性葛粉或水溶性太白粉) 調製而成的。

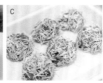

下廚做料理，魚樂樂無窮！

迷你 魚類圖鑑

1. 日本竹莢魚
2. 繁星糯鰻
3. 烏賊
4. 沙丁魚
5. 鰻魚
6. 蝦
7. 牡蠣

8. 劍旗魚
9. 鰹魚
10. 蟹
11. 金梭魚
12. 鰈魚
13. 喜知次 (Kinki) 魚
14. 金眼鯛

15. 鮭魚
16. 鯖魚
17. 鰆魚
18. 秋刀魚
19. 鱸魚
20. 鯛魚
21. 章魚

22. 白帶魚
23. 鱈魚
24. 文蛤
25. 比目魚
26. 海扇貝
27. 青甘鰺
28. 鮪魚

日本竹莢魚

jack mackerel

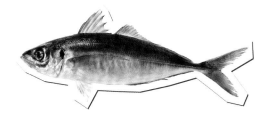

為眾所熟悉之大眾魚。一般所稱之「竹莢魚」為真鰺。雖是青背魚但並沒有魚腥味，廣泛使用於一般料理。魚體側線長有稱為盾鱗的棘狀硬鱗是其特徵。調理時需將盾鱗去掉。漁期從初夏起的夏季期間。

主要調理法

生魚片　拌沙拉　拌醋　燒烤　油炸

繁星糯鰻

whitespotted conger

大多棲息於海水與淡水交匯的沿岸海域，由於是棲息於岩穴與沙泥的洞穴之中，因此日文稱為「穴子」。在家裡很難處理這種魚類，一般魚店大多切開來販賣。用來做為燒烤、煮魚高湯、鰻魚蒸飯及天婦羅等料理之食材，均令人讚不絕口。

主要調理法

燒烤　燉煮　油炸

烏賊

squid

烏賊類中，漁獲量最多，且容易處理利用的就是真烏賊（日本赤魷）。漁期為夏季左右。味道淺淡，廣泛使用於中西日式及民族風味等料理。其他尚有透抽、金烏賊（Sepia esculenta Hoyle）、墨魚及螢烏賊等許多種類。烏賊的腸子（肝臟）及墨汁被視為珍饈而備受喜愛。

主要調理法

生魚片　拌沙拉　燒烤　燉煮　油炸

沙丁魚

Sardine

自古以來就為一般民眾所喜食的魚類，一般均指真鰮。多刺，身體柔軟，因此處理時用手剝開，整條就不會浪費。由於沙丁魚容易受傷，需注意其鮮度。選擇魚體有彈性、光澤的魚類為佳。除了用來做為生魚片、燉煮及油炸之外，將沙丁魚肉磨碎做成魚丸也相當美味可口。

主要調理法

生魚片　拌沙拉　燒烤　燉煮　油炸

鰻魚

Japanese-eel

自古以來鰻魚就被用來做為夏季補充體力的來源，頗受人們歡迎。日本有「夏天土用丑日（季節交替的時候）吃蒲燒」而聞名。鰻魚的營養價值頗高，在盛夏及季節交替的時候吃鰻魚，可說是符合道理的。現在一般所看到的鰻魚幾乎都是養殖的，進口的養殖鰻魚佔大部分，日本國產的天然鰻魚非常稀有。

主要調理法

燒烤　油炸　蒸製

蝦

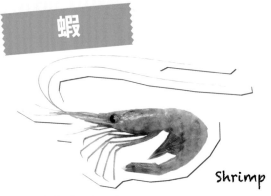

Shrimp

日本為世界首位的蝦子消費大國，大半都是由海外進口的養殖及冷凍蝦子。使用於中西日式料理以迄民族風味、加工品等多樣的料理。蝦子的種類繁多，一般為人所熟知的蝦子有斑節蝦、草蝦、沙蝦、大正蝦、櫻花蝦及甜蝦等。

主要調理法

生魚片　拌沙拉　燒烤　油炸

劍旗魚

striped marlin/
swordfish

日本通稱劍旗魚為「旗鮪魚」，但與鮪魚不同種類，是屬於旗魚類的大型魚之總稱，嘴尖長如劍那般是其特徵。一般用來做為生魚片及壽司材料的旗魚大多是真旗魚科（Istiophoridae），以及廣泛地使用於料理的劍旗魚科（Xiphias）較為有名。大多以魚片方式大量上市，魚肉加熱過度會變硬，需加以注意。

主要調理法

生魚片　燒烤　油炸

牡 蠣

Oyster

人類食用牡蠣的歷史久遠，在紀元前的歐洲就已有養殖牡蠣的紀錄◎，在日本於江戶時代也開始在廣島養殖，目前在市面上大量出現的是真牡蠣，漁期從秋天至冬季期間。「日本牡蠣（Crassostrea nippona）」漁期則在夏天。
新鮮的牡蠣可生吃、油炸或做為火鍋食材等均非常鮮美好吃。

主要調理法

生食　燒烤　油炸　火鍋

◎譯註：臺灣養殖牡蠣業起源自十八世紀末，到日本治台當時，臺北、
　　新竹、臺中、彰化、臺南、高雄等的沿海一帶已經有養殖業的經營）。

鰹 魚

Skipjack tuna

與鮪魚並列的紅肉魚的代表魚類。分布於熱帶及溫帶海域，日本沿岸方面則於初夏隨著黑潮北上。每年首次捕獲的鰹魚稱為「初鰹」，很受日本人的喜愛。在秋天南下洄游的「回頭鰹」魚肉肥美，格外好吃。除了做為生魚片及用刀敲打的料理材料外，油炸來吃也相當美味可口。

主要調理法

生魚片　燒烤　油炸

蟹

crab

最受歡迎的雄性松葉蟹為越前蟹，松葉蟹為其另一名稱。雌性松葉蟹為箱根蟹，亦稱為勢子蟹，其「內子」（卵巢）備受珍愛。漁期於秋冬季節，用來生吃、火鍋料或湯類等各種料理。此外，帝王蟹嚴格區分是寄居蟹近親的一種，蟹腳味道鮮美。

主要調理法

生食　燒烤　油炸　蒸製　湯類　火鍋

鰈

righteye flounder

為酷似比目魚的白肉魚，種類繁多，有扁魚、真子鰈、目板鰈等。與比目魚一樣上下鰭的鰭邊肉最是細嫩美味。漁期為夏天，但冬季至初春雌魚抱卵的卵部分也相當好吃。魚肉無腥味，廣泛用於燉煮、鹽燒及油炸等料理。

主要調理法

生魚片 燒烤 燉煮 油炸

金眼鯛

splendid alfonsino

有人以為它是鯛類，但其實和鯛不同種。金眼鯛身體柔軟且多脂肪，為味道清淡的白肉魚。鮮豔紅色的身體與閃閃發亮的金色大眼睛是其特徵。為在黑暗的深海也能聚集微弱的亮光尋找獵物，眼睛因而特別發達。熬煮的料理相當有名，而以鹽燒及油炸料理所製成的美味亦不遑多讓。

主要調理法

生魚片 燒烤 燉煮

鮭

salmon

一般人所稱的「鮭魚」指的就是白鮭，其他尚有銀鮭、紅鮭、帝王鮭及大西洋鮭等許多種類。Salmon 為對於一部分鮭科（日語稱 Sake）魚類之稱呼，亦有做為商品之名稱，稱呼方式很混亂。鮭魚卵（Ikura）也是一道珍饈美味，深受喜愛。

主要調理法

生魚片 燒烤 油炸 火鍋

鯖魚

mackerel

一般大量漁獲的鯖魚主要有3種。漁期在秋冬季的真鯖；腹部有如芝麻般斑點散布的花腹鯖；大多使用於加工品方面的大西洋鯖魚。一如日本自古流傳的俗語所稱：「鯖魚看起來很新鮮，其實已經腐壞了」，由於鮮度非常容易腐敗，處理時需加以注意。

主要調理法

浸醋 燒烤 燉煮 油炸

鰆魚

japanese spanish mackerel

就如國字魚字旁有個春字那般,以報知人們春臨大地而聞名的一種魚類。漁期從初春至初夏。在寒冷時期富含油脂的「寒鰆」味道最為鮮美。肉味清淡又無腥味,堪稱極品,以鹽燒、照燒、西京燒、燉煮、油炸及蒸製等範圍廣泛的調理法,可加以調味。

主要調理法

生魚片　燒烤　燉煮　油炸　蒸製

秋刀魚

pacific saury

漁期為夏季至秋季期間。由於漁獲量豐富,在日本市場上販賣的秋刀魚幾乎 100％是日本國產的天然魚類。新鮮的秋刀魚建議做成生魚片或 Carpaccio 風味。其他亦有與香草一起以油燒烤,或與梅干及生薑等一起熬煮,可消除腥味而更為美味。

主要調理法

生魚片　沙拉　燒烤　燉煮　油炸

鱸魚

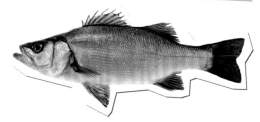

japanese seabass

在日本,鱸魚的魚名與青甘鰺一樣會隨著成長而改變,是一種有名的魚類。從木端(幼魚)→鰑→福子→鱸魚(成魚)的魚名變化。漁期為初夏至夏季期間,成為夏季的高品質魚類而聞名,屬高級品,味道清淡是其特徵。生魚片以冰水冰鎮特別有名。鱸魚的的雜碎湯亦可製作出美味的高湯。

主要調理法

生魚片　燒烤　油炸　湯類

鯛魚

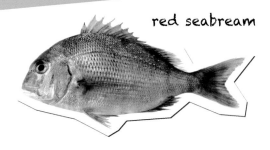

red seabream

日本自古以來就認為鯛魚是一種外形漂亮、色香味俱全的吉利魚類而倍受珍愛。一般人提到「鯛魚」,指的就是真鯛,而真鯛失去美味的夏季,正值血鯛的漁期。血鯛為同一鯛科的近似種,在此時期取代真鯛而受到重視。

主要調理法

生魚片　沙拉　燒烤　燉煮　蒸製　湯類

章魚

octopus

日本人非常喜食章魚。據說現在全世界章魚漁獲量的 2／3 均為日本人所消費。最受歡迎的是真蛸（八爪魚），其他為人所熟知的尚有巨型太平洋章魚（Enteroctopus dofleini）、短蛸（Octopus ocellatus）。日本產的真蛸價格較貴，因此，市面上所販賣的章魚一般大多由非洲及西班牙進口。

主要調理法

| 生食 | 沙拉 | 燉煮 | 油炸 |

白帶魚

largehead hairtail

體形如長刀，體表為銀色。整年均可大量漁獲，但在油脂肥美的秋天左右最為美味。白帶魚為用來做為魚片及高級魚膏製品之原料。身體柔軟且無腥味的清淡魚類。新鮮的秋刀魚可利用銀皮做成生魚片，亦可用於昆布捲，另亦推薦鹽燒及油炸。

主要調理法

| 生食 | 燒烤 | 燉煮 | 油炸 |

鱈魚

cod

在日本一提到「鱈魚」，指的就是真鱈。鱈魚身體柔軟，為無腥味的白肉魚，可使用於各種用途。鱈魚精巢稱為「白子」。另外，將同類的阿拉斯加鱈魚之卵巢加以鹽藏的「鱈魚子」也非常有名。順便一提的是，「銀鱈」與鱈魚相似，為另種白肉魚，大半都是進口的。

主要調理法

| 燒烤 | 燉煮 | 油炸 | 火鍋 | 蒸製 |

文蛤

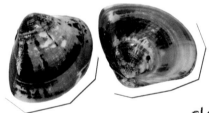

clam

做為婚宴及日本女兒節（3月3日）的料理而為人所熟悉的二枚貝。漁期為 2～3 月左右。高級品質的文蛤充滿濃郁的鮮甜味。文蛤除了燒烤以外，還可使用於味噌湯、清湯、泡菜及壽司的材料等。現在日本國產的文蛤劇減，因而被以高級品處理。在市面上販賣的文蛤大多由中國及韓國進口。

主要調理法

| 燒烤 | 湯類 |

比目魚

bastard halibut

漁期在秋冬之間，為白肉魚的代表魚種。扁平的外形與雙眼均長在同一面為其特徵。身體無庸贅言，背鰭與腹鰭的鰭邊肉亦被認為是珍饈美味。近年來養殖的比目魚已成為主流。無腥味且味道清淡，亦有使用於法式麥年（Meuniere，塗麵粉後，用奶油煎成）及嫩煎等西式料理。

主要調理法

生魚片　沙拉　燒烤　燉煮　蒸製　油炸

帆立貝

japanese scallop

日本稱為帆立貝，其名稱之由來，據說是它扇形貝殼打開的形狀就像是張著帆的船。主要食用的部分是貝柱，其他如外套膜、腸子等均可食用。貝柱有特殊的風味與鮮甜味，從用來做為生吃、壽司及沙拉等的生食材料，到燒烤、油炸、蒸製及磨碎加工等，使用範圍非常廣泛，不論是中西式或日本料理都會利用到。

主要調理法

生魚片　燒烤　油炸　蒸製

青甘鰺

japanese amberjack

為具代表性的出名魚類。在關東會隨著青甘鰺的成長而有不同的名稱：魚夏→鮎→稚鰤→青甘鰺，所稱呼的魚名依地方會有所不同。青甘鰺的養殖也非常盛行，每年大量漁獲上市的時間為冬季。養殖的青甘鰺亦有稱為䲠。大多以魚肉切片方式販賣。使用於生魚片、照燒、鹽燒及燉煮等。

主要調理法

生魚片　燒烤　燉煮

鮪 魚

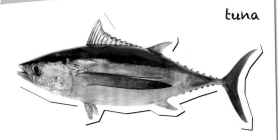

tuna

用來做為生魚片及壽司材料等，為眾所周知的大型紅肉魚，有黑鮪、南方黑鮪、大目鮪等知名魚類。依部位的肉質顏色、脂肪及味道差異，分為紅肉（瘦肉）、肥肉＝TORO（中TORO、大TORO）等，紅肉鮮美甘甜，富含均衡營養成分，而TORO則入口即化，為生魚片中的極品。

主要調理法

生魚片　沙拉　燒烤　燉煮　油炸

沙拉用醬料、搭配食物用醬料、調味醬汁手冊

魚類料理
私房食譜大公開

※ 除非有特別標示，否則材料均為容易製作的分量。

簡單的調理方式

本書所使用的料理與登載頁次

其他可使用於何種食材與料理的應用實例

酸豆與蒔蘿籽風味的醬料

洋蔥（切碎）⋯⋯⋯⋯⋯ 小 1/4 顆
義大利芹菜（切碎）⋯⋯⋯⋯ 1 枝
酸豆（切碎）⋯⋯⋯⋯⋯ 1 小匙
蒔蘿籽 ⋯⋯⋯⋯⋯⋯⋯ 1/8 小匙
橄欖油 ⋯⋯⋯⋯⋯⋯⋯ 3 大匙
白酒醋 ⋯⋯⋯⋯⋯⋯⋯ 1 大匙
鹽 ⋯⋯⋯⋯⋯⋯⋯⋯ 1/2 小匙
胡椒 ⋯⋯⋯⋯⋯⋯⋯⋯ 適量

將所有的材料混合在一起充分拌勻。

日本竹莢魚拌沙拉
酸豆與蒔蘿籽風味醬料 (P.23)

與鮭魚或竹莢魚搭配亦很適合。

蒔蘿酸豆風味醬料

蒔蘿（生）⋯⋯⋯⋯⋯⋯ 2 枝
酸豆 (capers) ⋯⋯⋯⋯ 1 小匙左右
橄欖油 ⋯⋯⋯⋯⋯⋯⋯ 2 大匙
檸檬汁 ⋯⋯⋯⋯⋯⋯ 約 1 小匙
白酒醋 ⋯⋯⋯⋯⋯⋯⋯ 1 小匙
鹽 ⋯⋯⋯⋯⋯⋯⋯⋯ 1/2 小匙
胡椒 ⋯⋯⋯⋯⋯⋯⋯⋯ 少許

將所有的材料混合在一起充分拌勻。

鮭魚的涼拌沙拉
蒔蘿與酸豆風味醬料 (P.17)

與竹莢魚或沙丁魚等青背魚搭配亦均相當適合。

巴薩米克醬料

橄欖油 ⋯⋯⋯⋯⋯⋯⋯ 3 大匙
巴薩米克醋 (Balsamic Vinegar) ⋯⋯ 1 大匙
醬油 ⋯⋯⋯⋯⋯⋯⋯⋯ 1 大匙
蒜頭（磨碎）⋯⋯⋯⋯⋯ 5g
鹽 ⋯⋯⋯⋯⋯⋯⋯ 約 1/4 小匙
胡椒 ⋯⋯⋯⋯⋯⋯⋯⋯ 適量

將所有的材料混合在一起充分拌勻。

鮪魚風味的 Carpaccio，巴薩米克醬料 (Balsamico) 風味 (P.14)

與鰹魚的生魚片亦相當搭配。

民族風味醬料

甜辣醬 ⋯⋯⋯⋯⋯⋯⋯ 2 大匙
魚露 ⋯⋯⋯⋯⋯⋯⋯⋯ 2 大匙
檸檬果汁 ⋯⋯⋯⋯⋯ 2 又 1/2 大匙
蒜頭 ⋯⋯⋯⋯⋯⋯⋯⋯ 0.25g
芫荽的根頭部分 ⋯⋯⋯⋯ 1 根

將所有的材料混合在一起充分拌勻。

烏賊與蝦子搭配豐富多樣的蔬菜民族風味沙拉 (P.49)

亦適合章魚及鮭魚。淋到炸茄子上也很好吃。

芥末美乃滋醬

白酒醋⋯⋯⋯⋯⋯⋯⋯⋯½ 小匙
美乃滋⋯⋯⋯⋯⋯⋯⋯⋯2 大匙
醬油⋯⋯⋯⋯⋯⋯⋯⋯⋯2 小匙
檸檬汁⋯⋯⋯⋯⋯⋯⋯⋯2 小匙
芥末⋯⋯⋯⋯⋯⋯⋯⋯⋯ 少許

將所有的材料混合在一起充分拌勻。

鰹魚半敲燒與奇異果
酪梨拌沙拉 (P.15)

與鮪魚的紅肉亦相當搭配。

新鮮番茄醬

小番茄⋯⋯⋯⋯⋯⋯⋯⋯10 個
洋蔥⋯⋯⋯⋯⋯⋯⋯⋯⋯¼ 顆
蒜頭 (磨碎)⋯⋯⋯⋯⋯⋯ 少許
檸檬汁⋯⋯⋯⋯⋯⋯⋯⋯1 小匙
白酒醋⋯⋯⋯⋯⋯⋯⋯⋯½ 小匙
橄欖油⋯⋯⋯⋯⋯⋯⋯⋯2 大匙
鹽⋯⋯⋯⋯⋯⋯⋯⋯⋯⅓小匙～
胡椒⋯⋯⋯⋯⋯⋯⋯⋯⋯ 少許

將所有的材料混合在一起充分拌勻。

鯖魚的嫩煎
新鮮番茄醬 (P.37)

亦適合竹莢魚、沙丁魚、青甘鰺及鮁
(養殖的青甘鰺)。

起司醬

起司 (可溶解形態)⋯⋯⋯⋯100g
白酒⋯⋯⋯⋯⋯⋯⋯⋯⋯2 大匙
牛奶⋯⋯⋯⋯⋯⋯⋯⋯⋯2 大匙
鹽⋯⋯⋯⋯⋯⋯⋯⋯⋯⋯1 撮
胡椒⋯⋯⋯⋯⋯⋯⋯⋯⋯ 適量

將所有的材料混合在一起充分拌勻。

蝦仁搭配馬鈴薯起司醬焗烤 (P.68)

可使用海扇貝取代蝦子，也很美味。

熱那亞青醬

熱那亞葉子⋯⋯⋯⋯⋯⋯10 枝
A
┌ 蒜頭 (切成粗細)⋯⋯⋯10~20g
│ 松子⋯⋯⋯⋯⋯⋯⋯⋯30g
│ 橄欖油⋯⋯⋯⋯⋯⋯150㎖
└ 鹽、胡椒⋯⋯⋯⋯⋯⋯ 適量
起司粉⋯⋯⋯⋯⋯⋯⋯⋯30g

將 A 的材料放入食物調理機攪拌，松
子與蒜頭切細了時，加入熱那亞做成
膏狀，再加入起司粉後混合拌勻。

章魚與番茄的熱那亞青醬 (P.18)

亦可與海扇貝及蝦子搭配。與煮過的
馬鈴薯亦相當合適。

民族風味醬料

甜辣醬⋯⋯⋯⋯⋯⋯⋯⋯2 大匙
檸檬汁⋯⋯⋯⋯⋯⋯⋯⋯1 大匙
醋⋯⋯⋯⋯⋯⋯⋯⋯⋯⋯1 大匙
魚露⋯⋯⋯⋯⋯⋯⋯⋯⋯1 大匙

將所有的材料混合在一起充分拌勻。

鰈魚的唐揚 (油炸)
民族風味醬料 (P.44)

亦適合於鯛魚、三線磯鱸等的白肉魚。

味噌醋

味噌⋯⋯⋯⋯⋯⋯⋯⋯⋯60g
味醂⋯⋯⋯⋯⋯⋯⋯⋯⋯1 大匙
酒⋯⋯⋯⋯⋯⋯⋯⋯⋯⋯1 大匙
砂糖⋯⋯⋯⋯⋯⋯⋯⋯⋯1 大匙
醋⋯⋯⋯⋯⋯⋯⋯⋯⋯⋯1 大匙

將醋以外的材料混合放入小鍋中加熱
攪拌，使酒精揮發掉，產生光澤時，
將醋加入熄火。

鮪魚淋味噌醋 (P.76)

亦建議搭配螢烏賊、烏賊及油菜花。

芝麻鹽調味醬汁

芝麻油 ······························ 4 大匙
醋 ······································ 1 大匙～
鹽 ······································ ½ 小匙
芝麻粉 ······························ 1 大匙

將所有的材料混合在一起充分拌勻。

鰹魚拌沙拉　芝麻鹽調味醬汁 (P.20)

與鮪魚及青甘鰺亦極為搭配。

漬丼調味醬汁

醬油 ·································· 40㎖
酒 ···································· 100㎖
味醂 ·································· 20㎖

將所有的材料混合在一起充分拌勻。

醬漬鮪魚丼 (P.24)

亦建議使用青甘鰺或飯的生魚片做成漬丼。

井然有序的燒烤調味醬汁

味噌 ·································· 2 大匙
酒 ···································· 2 大匙
味醂 ·································· 2 大匙
醬油 ·································· 2 小匙

將所有的材料混合在一起充分拌勻。

鮭魚井然有序的燒烤風味 (P.51)

以豬肉代替鮭魚調理也很美味。

香味醬汁

生薑 (磨碎) ······················ 10g
蒜頭 (磨碎) ·············· 5 ～ 10g
蔥 (切碎) ·························· ¼ 根
醬油 ·································· 3 大匙

將所有的材料混合在一起充分拌勻。

鰹魚半敲燒　香味醬汁 (P.21)

與鯖魚及青甘鰺亦極為搭配。

芝麻醬丼的調味醬汁

酒 (加熱將酒精揮發) ·········· 120㎖
芝麻糊 ································ 50g
醬油 ·································· 60㎖
醋 ······································ 1 大匙
芝麻粉 ······························ 2 大匙

將所有的材料混合在一起充分拌勻。

鰹魚的芝麻調味醬汁丼 (P.25)

使用鯛魚及三線磯鱸等的生魚片也很美味。

照燒調味醬汁

醬油 ·································· 50㎖
酒 ···································· 40㎖
味醂 ·································· 1 大匙
砂糖 ····························· 1 又 ½ 大匙

將所有的材料混合在一起充分拌勻。

家常必吃！青甘鰺的照燒 (P.57)

亦推薦鮭魚及雞肉的照燒。

蒲燒風味的調味醬汁

醬油 ·····························1 大匙
味醂 ·····························2 小匙
蜂蜜 ·····························1 小匙
酒·······························2 大匙

將所有的材料混合在一起充分拌勻。

秋刀魚的蒲燒風味 (P.59)

使用沙丁魚或豬肉、雞肉等調理也很美味。

香味醬汁

醋、醬油、酒 ···············各 2 大匙
生薑 (磨碎) ·····················1 小匙
蒜頭 (磨碎) ···························5g
長蔥 (切細) ·····················⅛ 根

將所有的材料混合在一起充分拌勻。

日本竹莢魚的香味醬汁 (P.66)

亦推薦用鯖魚或青甘鰺調理。

油炸醃漬汁

A
白酒與水 ···················200㎖
砂糖 ·····················2 大匙
鹽 ·······················¾ 小匙
百里香、芫荽 ···········¼ 小匙
月桂葉 ······················2 葉
白酒醋 ···················2 大匙
胡椒粒 ······················10 粒

B
洋蔥 (切絲) ············· 約½ 顆
胡蘿蔔 (切絲) ··········· 約¼ 條
葡萄乾 (以熱開水燙後瀝乾水分)
····················· 2 大匙
松子 ····················· 2 大匙

將白酒醋以外的材料放入鍋中後開火加熱。煮開後加入白酒醋,趁熱加入 B。蓋上鍋蓋,煮約 10 分鐘使全部溶合在一起。

日本竹莢魚的油炸醃漬風味 (P.28)

亦推薦利用鯛魚或秋鮭調理。

柚庵地

醬油 ·······················40㎖
味醂 ·······················40㎖
酒 ·························40㎖
柚子 ·······················1 / 2 顆

將所有的材料混合在一起充分拌勻。

鮭魚的柚庵燒 (P.40)

除了青甘鰺及鰆魚外,雞肉及豬肉亦很合適

南蠻醋

A
高湯 ·····················200㎖
醬油 ······················20㎖
酒 ·························20㎖
砂糖 ···················小於 1 大匙
鹽 ························⅛ 小匙
醋 ·························20㎖
洋蔥 (切絲) ·················½ 顆
胡蘿蔔 (切絲) ···············¼ 條

將 A 倒入鍋中混合在一起加熱。沸騰之後加入醋後熄火,加入蔬菜。

日本竹莢魚的南蠻漬風味 (P.29)

除了秋鮭、西太公魚 (Hypomesus nipponensis) 之外,醃漬雞肉或豬肉也很美味。

酒糟床

酒糟 ·······················500g
味醂 ·······················40㎖
酒 ·························60㎖
黍砂糖 ······················90g
鹽 ·························30g

將材料混合後,用食物調理機攪拌使之滑順。

(青甘鰺的) 酒糟漬燒 (P.43)

除了青甘鰺、鮭及銀鮭之外,豬肉及雞肉也很適合。

西京味噌床

西京味噌（白味噌）‧‧‧‧‧‧‧‧‧‧‧‧500g
味醂‧‧‧‧‧‧‧‧‧‧‧‧‧‧‧‧‧‧‧‧‧‧‧‧‧‧‧‧‧‧‧100㎖
黍砂糖‧‧‧‧‧‧‧‧‧‧‧‧‧‧‧‧‧‧‧‧‧‧‧‧‧‧‧50g
鹽‧‧‧‧‧‧‧‧‧‧‧‧‧‧‧‧‧‧‧‧‧‧‧‧‧‧‧‧‧‧‧‧40g

將材料混合後，用食物調理機攪拌使之滑順。

（青甘鰺的）西京漬燒 (P.43)

除了青甘鰺、鮭及銀鮭之外，豬肉及雞肉也很適合。

浸滷汁

高湯‧‧‧‧‧‧‧‧‧‧‧‧‧‧‧‧‧‧‧‧‧‧‧‧‧300㎖
醬油‧‧‧‧‧‧‧‧‧‧‧‧‧‧‧‧‧‧‧‧‧‧‧‧‧1 大匙
酒‧‧‧‧‧‧‧‧‧‧‧‧‧‧‧‧‧‧‧‧‧‧‧‧‧‧‧1 大匙
味醂‧‧‧‧‧‧‧‧‧‧‧‧‧‧‧‧‧‧‧‧‧‧‧‧‧1 小匙
砂糖‧‧‧‧‧‧‧‧‧‧‧‧‧‧‧‧‧‧‧‧‧‧‧‧‧1 小匙
鹽‧‧‧‧‧‧‧‧‧‧‧‧‧‧‧‧‧‧‧大於 $\frac{1}{8}$ 小匙

將所有的材料放入鍋中加熱，一煮沸後就熄火。

鯖魚的燒烤浸滷 (P.67)

用竹莢魚或豬肉製作也很美味。

煮梅汁

酒‧‧‧‧‧‧‧‧‧‧‧‧‧‧‧‧‧‧‧‧‧‧‧‧‧150㎖
醬油‧‧‧‧‧‧‧‧‧‧‧‧‧‧‧‧‧‧‧‧‧‧‧‧‧60㎖
砂糖‧‧‧‧‧‧‧‧‧‧‧‧‧‧‧‧‧‧‧‧‧‧‧‧‧30g
水‧‧‧‧‧‧‧‧‧‧‧‧‧‧‧‧‧‧‧‧‧‧‧‧‧250㎖
梅干‧‧‧‧‧‧‧‧‧‧‧‧‧‧‧‧‧‧‧‧‧‧‧‧‧1 個
生薑（切細絲）‧‧‧‧‧‧‧‧‧‧‧‧‧‧‧10g

將所有的材料混合後放入鍋中。

梅汁秋刀魚 (P.58)

用沙丁魚製作也很美味。

鹽麴

米麴（生）‧‧‧‧‧‧‧‧‧‧‧‧‧‧‧‧‧‧‧‧400g
溫水‧‧‧‧‧‧‧‧‧‧‧‧‧‧‧‧‧‧‧‧400g～
鹽‧‧‧‧‧‧‧‧‧‧‧‧‧‧‧‧‧‧‧‧‧‧‧‧‧120g

※ 水量依麴的吸水率不同而需加以調整。

將米麴裝入塑膠袋內搓揉後放入碗內，加入溶有鹽巴的溫水，在碗中混合均勻，於常溫下以保存容器保存。每天攪勻 1 次，放置 7 ～ 10 日。用手指若能壓潰麴的顆粒就完成了。熟成後需冷藏保存。

（青甘鰺的）鹽麴漬燒 (P.43)

除了青甘鰺、鮭及銀鮭之外，豬肉及雞肉也很適合。

香草麵包粉

百里香‧‧‧‧‧‧‧‧‧‧‧‧‧‧‧‧‧‧‧2 枝分量
迷迭香（切碎）‧‧‧‧‧‧‧‧‧‧‧2 枝分量
麵包粉‧‧‧‧‧‧‧‧‧‧‧‧‧‧‧‧‧‧‧‧‧適量

將材料混合拌勻。

青甘鰺的香草麵包粉燒烤 (P.47)

另外也推薦利用鮭、鯖及竹莢魚等魚類製作。以與魚類性質很相配的百里香為主，香草依自己喜好添加。若無新鮮香草，使用綜合香草亦可（數量自行增減）。

青甘鰺煮白蘿蔔湯

A
┌ 酒‧‧‧‧‧‧‧‧‧‧‧‧‧‧‧‧‧‧‧‧‧‧‧‧‧200㎖
│ 醬油‧‧‧‧‧‧‧‧‧‧‧‧‧‧‧‧‧‧‧‧‧100㎖
└ 砂糖‧‧‧‧‧‧‧‧‧‧‧‧‧‧‧‧‧‧‧‧‧‧50g
水‧‧‧‧‧‧‧‧‧‧‧‧‧‧‧‧‧‧‧‧‧約600㎖
生薑（切細絲）‧‧‧‧‧‧‧‧‧‧‧‧‧‧‧10g

將 A 的材料混合後加入已經霜降的青青甘鰺煮白蘿蔔

青甘鰺煮白蘿蔔 (P.60)

青甘鰺為家常必吃的魚類，而與它十分相配的白蘿蔔也值得推薦。搭配金眼鯛也十分美味。

汁煮味噌鯖魚

A
醬油 ······························ 1 大匙
砂糖 ······························ 2 大匙
味醂 ························ 1 又 ½ 大匙
酒 ······························· 50 mℓ
水 ······························· 200 mℓ
生薑 (切細碎) ··················· 10g
味噌 ······························ 3 大匙

將汁煮的 A 材料混合放入鍋中。鯖魚煮熟後,最後加入味噌。

鯖魚煮味噌湯 (P.61)

煮味噌湯加入苦椒醬及板豆腐,增添辣味可品嚐到不同的味道。

鰈魚煮湯

A
酒 ······························· 100 mℓ
醬油 ······························ 50 mℓ
砂糖 ······························ 20g
味醂 ······························ 2 小匙
水 ······························· 250 mℓ
生薑 (切薄片) ··················· 10g

將煮湯的材料合起來放入鍋中。

鰈魚的燉煮 (P.63)

使用金眼鯛、鯛魚及銀鱈等調理也很好吃。

蘿蔔泥醬

A
高湯 ······························ 100 mℓ
酒 ······························· 1 大匙
醬油 ······························ 1 小匙
鹽 ······························· ¼ 小匙
白蘿蔔 (泥狀) ···· 3 ～ 4 ㎝長的分量
溶水性太白粉 ················· 適量

將 A 放入鍋中加熱,煮沸後加入白蘿蔔泥,並以太白粉勾芡。

青甘鰺 (鰤魚) 的蘿蔔泥醬 (P.41)

使用竹莢魚或鯖魚等調理也非常適合。

豐富多樣的蔬菜與甜醋勾芡

胡蘿蔔 (切細) ·········· ¼ 條 (50g)
豆芽菜 ······················· 50g
香菇 ························· 2 朵
A
高湯 ······················· 200 mℓ
醬油、味醂、酒 ········ 各 1 大匙
鹽 ······················· ⅛ 小匙
醋 ·························· 1 又 ⅓ 大匙
水溶性太白粉 ················· 適量

將蔬菜類放入鍋中加熱,蔬菜熟了時加醋,最後以太白粉勾芡。

鰈魚淋上豐富多樣的蔬菜與甜醋勾芡 (P.54)

除了鯛魚、金眼鯛及秋鮭外,也推薦用竹莢魚調理。

淡雪勾芡

A
高湯 ······················· 200 mℓ
醬油 ······················· 1 小匙
鹽 ························· ¼ 小匙
酒 ························· 1 大匙
蛋白 (或蛋) ················· 1 顆
水溶性太白粉 ················· 適量

將 A 混合後加入鍋中加熱,沸騰後轉小火,將蛋白打散倒入,再以水溶性太白粉勾芡。

蝦仁搭配綠花椰菜的淡雪勾芡 (P.55)

適合鰈魚、鯛魚等清淡味道的魚貝類。

甜醋勾芡

A
高湯 ······················· 100 mℓ
酒 ························· 2 大匙
味醂 ······················· 1 又 ½ 大匙
醬油 ······················· 1 大匙
鹽 ························· ⅛ 小匙
醋 ···························· 1 大匙
水溶性太白粉 ················· 適量

將 A 混合後加入鍋中加熱,一沸騰就加入醋,再以水溶性太白粉勾芡。

日本竹莢魚淋甜醋勾芡 (P.62)

用鰈魚及鯛魚調理也很美味。

魚　　　種　　　別　　★

將本書所介紹的料理
依魚種別加以彙整。
常常為「今天要煮什麼呢？」
而感到煩惱時，
請從本 INDEX 找出喜歡的料理，
就可輕鬆解決這問題了。

I N D E X

PROFILE

高窪美穗子

100%天然素材家庭料理研究專家、飲食諮商專家。高窪女士為推廣家庭料理使用無添加、天然素材的「真貨」，主持料理教室美食沙龍（Cooking Salon）M＆Y。以自身改善過敏性皮膚炎的經驗，提出許多有關食用美食料理有益於身體健康的建議事項。她亦積極參與針對餐飲店及企業的商品開發，以及活躍於各種媒體。其著作『在家裡自製天然高湯料理入門』（PARCO出版）在2014年世界美食家圖書獎（The Gourmand World Cookbook Awards 2014）Single Subject Cookbook部門中獲選為日本代表作品。另尚有『鹽麴、醬油麴的輕鬆美味食譜』（成美堂出版）等著作。
http://www.e-assemblage.jp/

TITLE

新手的魚料理筆記 煎煮炸烤蒸！

STAFF

出版	瑞昇文化事業股份有限公司
作者	高窪美穗子
譯者	余明村　高詹燦
總編輯	郭湘齡
責任編輯	黃思婷
文字編輯	黃美玉　莊薇熙
美術編輯	謝彥如
排版	六甲印刷有限公司
製版	昇昇興業股份有限公司
印刷	皇甫彩藝印刷股份有限公司
法律顧問	經兆國際法律事務所　黃沛聲律師
戶名	瑞昇文化事業股份有限公司
劃撥帳號	19598343
地址	新北市中和區景平路464巷2弄1-4號
電話	(02)2945-3191
傳真	(02)2945-3190
網址	www.rising-books.com.tw
Mail	resing@ms34.hinet.net
初版日期	2016年2月
定價	280元

國家圖書館出版品預行編目資料

新手的魚料理筆記 煎煮炸烤蒸! / 高窪美穗子
作；余明村譯. -- 初版. -- 新北市：瑞昇文化，
2016.01
96　面；19 x 25.7　公分
ISBN 978-986-401-072-1(平裝)
1.海鮮食譜 2.魚 3.烹飪

427.252　　　　　　　　　　104028140